回到今生

生命、死亡与轮回

(美国) 布莱恩 · 魏斯（Brian L. Weiss）著
黄汉耀　译

海南出版社
· 海口 ·

本书译稿引用自张老师文化事业股份有限公司

版权合同登记号：图字：30-2014-181 号
图书在版编目（CIP）数据
回到今生 /（美）魏斯 (Weiss,B.L.) 著；黄汉耀译. -- 海口：海南出版社，2015.11（2019.1 重印）
书名原文：Messages From The Masters
ISBN 978-7-5443-6093-7
Ⅰ. ①回… Ⅱ. ①魏… ②黄… Ⅲ. ①人生哲学－通俗读物 Ⅳ. ① B821-49
中国版本图书馆 CIP 数据核字 (2015) 第 134862 号

回到今生

作　　者：［美国］布莱恩·魏斯（Brian L.Weiss）
译　　者：黄汉耀
策划编辑：柯祥河
责任编辑：刘　铮　张　雪
执行编辑：张宏伟
装帧设计：黎花莉
责任印制：杨　程
印刷装订：三河市祥达印刷包装有限公司
读者服务：蔡爱霞　郄亚楠
出版发行：海南出版社
总社地址：海口市金盘开发区建设三横路 2 号 邮编：570216
北京地址：北京市朝阳区黄厂路 3 号院 7 号楼 102 室
电　　话：0898-66830929　010-87336670
电子邮箱：hnbook@263.net
经　　销：全国新华书店经销
出版日期：2015 年 11 月第 1 版　2019 年 1 月第 6 次印刷
开　　本：787mm×1092mm　1/16
印　　张：17.25
字　　数：190 千字
书　　号：ISBN 978-7-5443-6093-7
定　　价：45.00 元

编辑手记

爱永无止境

爱是人类永恒的主题。爱永无止境，即使死亡也不会停止。我们永远被爱，我们永不孤单，我们永远会跟所爱的人重逢。有时候我们重逢在另一个世界，有时候我们在未来的尘世相遇。

当读到上面几行文字，我们感到自己是活在爱之中的，爱是不会终结的。同时也明白，我们这一世的爱，与前世和来世的爱都是连接在一起的。关于前世今生的研究，在美国，有一位非常有名的精神科医生，他就是布莱恩·魏斯（Brian L. Weiss）博士。他因研究轮回、前世治疗，以及灵魂伴侣重聚而享誉世界，被称为世界上最具灵性的医生、作家和导师。他到目前为止写过6部非常有名的著作，即**“前世今生”系列**，按照美国出版时间的先后顺序，分别是：

1.《前世今生》（Many Lives，Many Masters，1988）
2.《生命轮回》（Through Time Into Healing，1993）
3.《返璞归真》（Only Love Is Real，1997）
4.《回到今生》（Messages from the Masters，2001）
5.《前世今生来生缘》（Same Soul Many Bodies，2005）
6.《总有奇迹降临》（Miracles Happen，2013）

这些著作先后被翻译成三十多种语言出版，在全球销量超过 3000 万册。以上 6 本著作只有第 1 部、第 4 部、第 5 部、第 6 部出过简体中文版，均有非常不错的销量，当当网的评论都在 5000 条以上。

《回到今生》是魏斯博士“前世今生”系列第 4 部畅销力作，代表了他二十多年来的研究与经验总结。与以往三部描述各种形而上经验的书不同的是，《回到今生》一书将主题放在今生的爱、喜悦与理解上。魏斯博士在本书前言中坦言道：“对我而言，前世的生活仍旧重要而有价值，但如何表达我每一天生活中的爱和喜悦，以及内在的平静，比一切都重要。”在本书中，魏斯博士教会了我们最重要的一课——爱。爱是最基本而且无所不在的能量，它是我们存在的本质、宇宙的本质。爱是大自然里最根本的“建筑砖块”，连接、统合所有的事物以及所有的人。他写这本书，是希望我们学会如何辨认爱，如何耕耘、扩大爱的经验，以及如何对别人表达自己的爱、放射自己的爱。

《回到今生》原书名 Messages from the Masters，直译过来是“大师的讯息”。这里提到的“大师”是高层次的存有，不具形体的灵魂；不是肉身，而是进化的灵魂，他们传递着爱、智慧和普世的真理。魏斯博士，从病人身上的回溯经历和他自己的冥想体验中得到了许多来自“大师”的讯息，并将它们一一记录下来。无论是对刚开始体验灵性治疗之旅的初学者，还是对长期接受灵性治疗的人，这些讯息都能帮助他们从生命与人的关系中找到正面的助益。无论你是否相信轮回，《回到今生》都是你必读的一本书，它给予你希望，彰显爱的力量。

《回到今生》令人印象深刻的是书中的治疗故事和大师的讯息，每章之前都有大师的讯息，文中穿插魏斯博士娓娓道来的精彩故事，以及丰富实用的建议。在编辑本书的时候，充分考虑到读者的理解和阅读顺畅，我们做了以下的调整：（1）篇章名，原第一章“生命的循环”，改为“生命的轮回”，原第二章“重返肉身”，改为“回到今生”，等等；（2）目录，将每章的核心，以一两句话给展现出来，而且将每个故事的标题也提炼出来，翻开目录，一目了然；（3）内文，将治疗故事或个案单独编排，将故事中被治疗者和作者的叙述单独用不同的字体标明，同时将重点的语句也以黑体字标明；（4）封面，提炼出被治疗者的前世今生对比，同时增加原版书的名人评论。

今生，是前世的“来生”，是来生的“前世”。在今生中，我们能见到自己的前世与来生。回溯前世，是为了改善今生；回到今生，活在爱里，好好去爱，是为了来生喜悦与圆满。

目录

灵性导师可以教我们方法与技巧，能增进我们对生、死、灵魂规划的理解，也能助我们移除恐惧与障碍。他们会指出入口，但是只有我们才能穿过门。

然而大多数人以非直接的方式，通过通灵人知晓另一世界的信息，可能会更容易些。已故亲友所传送过来的信息，将对我们产生强大的冲击力，甚至改变我们的生命。

自序

回到我们的本心

带着你的逻辑、理性走过这趟旅程是极为必要的。没有反省、深思、推敲，直接就接受所有的看法，这是非常不明智的，就跟直接排斥任何东西一样。科学是一门观察的艺术，以不带偏见、私心的眼睛仔细观察，是我奉行的方法。我曾遇见一些才华出众的人士——精神导师、灵媒、治疗者，我还遇到更多才能与技巧有限的机会主义者。我花费多年时间学习、运用科学方法，同时让怀疑的心灵随时保持警觉，以科学方法过滤我的经验。但是我也很小心，倒洗澡水时确定没有把婴儿倒掉。某个人或某项经验可能令人失望，但是下一次可能有不凡的体验，我们不能因为先前的经验，而对任何遭遇抱有偏见。

路有很多条，真理只有一个

写这本书，是我对别人众多给予的些许回馈。我思索过，写这本书很重要。毕竟，我已经出版了三本，其中还有许多东西要消化。而坊间灵性指导的书籍多如恒河之沙，所以我一直思考，这本书应该增添些什么。

教导是一种个别的历程，受时间、风格、个人喜好、价值观等因素影响。很多人不管是在书里，或在研讨会上，他们用不同的方式告诉你相同的事。虽然真理只有一个，但趋向真理的道路却有很多条。答案永远一样，真理也不会改变。这并不意味着某个老师比另外的老师优秀，或者他的方法与哲学比别人高明。他们彼此只是不同，如此而已。某样东西对你有效，但对你无效的可能对别人有效。我们都将走进相同的地方。

我对心灵本性所以能有更多的理解，是经过医学院的严苛学习，并综合了医院训练、精神专科门诊，以及好几十年的诊疗经验、临床研究。这就是我走的路。其他人可能经过更有力、更神奇、更自然的经验到达同样的地方，譬如说濒死经验，或者只是运用简单的技巧，比如长期的冥想。这些是他们的路。启发之路还很多，可供我们探索。

我们的信念可能因为个人的直接经验而改变，当你经验到本质，就会开始理解，这时的信念变成领悟。

只阅读书上的观念，或依靠别人的经验是不够的，那只是例子或观念的举证。因此，**本书提供练习与各种技巧，借此提升你的个人经验，帮助你直接转化**。

方向比速度重要

最近这几年，我常劝告患者要写梦的日记，每次梦醒后，尽可能记录梦境。经过简短的练习，很多人对梦境的回想能力明显提高了。回想与记录得越详尽，分析就越正确。冥想与观想也是这样子。做完练习后你将发现，把你的想法、感觉、观察、经验写进日记，用处很大。

我在练习这些技巧时曾遭遇障碍，所以我以过来人的身份告诉你，不必有挫折感。我也曾因为进展缓慢而偷懒，好几个星期没有冥想，继续在生活里随波逐流，起了傲心与妒心，并滋生不安全感。其实我们都是人，而且生活也都是严厉的，挫折是正常反应，而我们并不是有耐性的物种。

方向比速度重要。如果你朝更友爱、更有同情心、更没有暴力的人种演化，那么你走对了方向。也许你会跟我一样，分心、偶尔偷懒、迷失，但最后又回到原路。这似乎是进两步，退一步，但没有关系，因为人就是这个样子。**开悟是缓慢、费力的历程，需要奉献与纪律**。偶尔休息一下是正确的。你并不是在退步，而是在整顿与休息。

整个历程不可能永远是直线。也许你的境界高深，散发慈悲与同情，但大多数人是新手上路，关心愤怒或耐性。然而很重要的一件事就是，不能审判自己。如果能不审判自己，或不让别人审判你，你就不会有挫折感。

返归当下，尊重内在的美丽

读完本书后，你所得到的经验将帮助你进化成爱、喜悦、非暴力、无所恐惧的新人类。由于灵性的道路非直线，所以你会发现，某些观念与练习非常容易，有些则特别困难，这是理所当然的。

我曾多次跌倒，然后重新复原，再度上路，你也可能发生这种情形。我希望通过这本书，让你少跌倒几次，而且更快速地复原。我知道，你们的来信与回馈也将以同样的方式帮助我。

没有大师们的智慧与鼓舞，这本书不会完成。大师的信息就像特别的种子，在我内心长大、成熟，多年后绽开美丽的花朵，现在，我把这些花儿呈现给你们。

大师们的话，就是佛寺的钟声，**提醒妄动的心立刻回到当下，回到我们的本心**。**大师的信息也提醒我们，返归最重要的——爱、平静、**

永恒、灵性体悟与锻炼，把不重要的东西——物质、傲慢、自我、暴力、恐惧、烦恼，以及怨恨放下。

每当你读到书中方框里的大师信息，请慢下来，好好消化它们的意义，你将尝到前所未有的甜美。

我们都在同一条船上划着，前方的地平线出现不祥的风暴，短视与暴力即将统治我们的世界，我们必须相互鼓励，同舟共济。我们必须互爱互敬，看见与感激每一个人的尊严与内在美丽，因为我们都是灵魂，都有相同的本质。

只有同心划动，全部人员与船合为一体，才能避开风暴，安全返家。

前言

爱的功课

◆ 灵性大师导引 01

我们知道得很少，我们的任务是学习，透过知识，成为像神一样的存在。透过知识，我们接近神，然后才能休息，接着我们再回来，教导、帮助别人。

对于初次接触本书的读者，我有必要做个简短的自我介绍。我是一名接受过正规训练的医生、精神医学教授、坚定的无神论者。自从惊天动地的那一天后，我走了好长的路，体会出人的生命比精准、严格的医学训练更加宏大、深奥。

我接受了学院教育，毕业于哥伦比亚大学，然后获得耶鲁大学医学博士学位，成为精神科主治医生。我也在好几个大学的医学院任教，并担任迈阿密西奈山医学中心的精神科主任。遇到凯瑟琳之前（这个病人的故事，在我出版的第一本书里），我发表了四十余篇科学论文，并为一些专著的部分章节执笔。在精神药物学与脑部化学领域，我也获得了国际声誉。一点也不奇怪，我对“不科学”的领域，例如“超心理学”，是彻底怀疑的。而且，对于前世与轮回的观念一无所知，甚至不想去知道。

哪想到随后的突发事件冲击了我，引领我进入灵魂、“右脑”、非线性思考的世界。凯瑟琳莫名其妙地开始回忆前世，不知什么缘故，她所有的临床症状，在前世回溯后都获得了改善。我惊愕万分，在这同时，我也开始找寻科学与直觉之间的协调点。

这个过程发生于20年前。此后，我帮助两千多位患者做新生儿、子宫期回忆以及前世回溯。根据这些实例，我已经写了三本书，而且已出版30种外语译本。

理解进化的灵魂

由于我在工作上处理的主题是轮回、前世治疗，以及灵魂伴侣的重聚，因此我成为不被正式医疗领域承认的轮回学专家。其实，我欢迎任何有关轮回的描述，因为我相信，我们“确实”在不断轮回，直到我们学习到该学习的功课才能毕业。同时，我也不断指出非常多的历史证据、临床证据，显示轮回是真的。

但是这**本书的内涵比轮回与前世治疗更加丰富，那是我教导患者与听众的更进一步深悟**。这些都是生命之谜的重要部分，而它们也是其他生命之谜的重要图片，每一个人都必须全部了解，而且要好好去了解。我曾研究过许多巫医、灵媒、通灵人，也研究了全息宇宙与意识变换的带领者，而且我也学习到个人灵魂的觉醒还有其他许多种方式。

这本书代表了我20多年来的研究与经验累积，那不仅仅是轮回而已，而是在“新时代”运动的脉络中。我希望在有形的物质界里，能提醒各位注意到“爱”与“喜悦”。同时在书上让各位学习到一些技巧，达到内在的平静与快乐，而这些可能正是你目前生活上所缺乏的。你也将发现许多有关灵魂本质、不朽，以及其他有关生命价值的探讨。另外还有许多转化生命、改变人际关系、改善心情与心灵状态、促进身体健康与人生幸福，以及扭转命运的提示与实际练习。**要获得这些积极改变，有关前世的知识并不是必需的。“理解”才是最终的关键。只要你能“理解”你的真实本性，以及你生命的真正目的，人生就会不断转化，然后你就能开始改变全世界。**

我的生命就是因此而改观的。对我而言，前世依然是重要的观念与价值，但是理解、经验、表达爱与喜悦，并在每天的生活中得到内在的平静，变得更具特殊意义。我特别感谢凯瑟琳，在那关键的一天来到我的诊疗室。她打开我的心灵，让我接纳前世的观念，而前世的观念成为我个人觉醒的通道。这样的觉醒让我的灵性成长了，也让我去“理解”。

提炼古老的智慧

凯瑟琳回溯时，令人印象深刻的重要特征，就是她在深度催眠下展现的能力：从更高的知识之源，准确传送详细信息。这一现象鼓舞了成千上万的人，也同时转化了他们的生命。凯瑟琳把这个智慧之源，称为“大师”，他们是一群高等的进化人，这里是指灵魂的进化，而非形体。他们告诉凯瑟琳一些“智慧而奇妙的事情”，凯瑟琳则把这些事转述给我听。从催眠状态出来之后，凯瑟琳对所体验到的前世细节记忆犹新，但是与大师们接触的情形，她一概想不起来，因为来自大师的信息是透过她传送的，而不是出自她的记忆。

读者写信给我，我在演讲会场里也经常被众人的请求包围，大家都想知道更多大师们的信息。

“你还听过了什么？”

“还继续与大师们接触吗？”

“你还学习到什么？”

答案都在这本书里，通过其他病人之口，通过旅行、冥想，我学习到的东西非常丰富。

除此之外，有件事变得更加明显，那就是对已经呈现的实相，我们必须更深一层去理解它们。因此，原先书本里提到大师们的关键信息，我会在每一章的开头，或章节中以方框的形式重新呈现。

让新与旧的信息交织，我终于领悟了整个精神哲学。它轻柔地展开，缓缓递向我的手。它的核心就是“爱”。我相信我们人类已经准备好拥抱它了。

特别是过去这30年，古老的智慧不断复活，让我们找到安身立命之道，似乎纯然的科技进步，已经把我们抛掷到不平衡里。很幸运，我们从古老的智慧里提炼精华，丢弃不合时宜的迷信与虚构神话。我们的意识终于进化了，可以接纳过滤后陈年香醇的古代智慧。

我们正在“新时代”、全息宇宙、精神觉醒的大海中泅游着，这些新思潮漫过旧信念与意识设限的堤坝。例证实在不胜枚举，新思潮成了主流。

国际健康协会（The National Institutes of Health）成立基金会，研究针灸、草药、催眠与意识的变化状态。保险公司的理赔，也涵盖非常态与辅助医疗技巧。而传统的广告公司，也以轮回为诉求工具，促销世界性商业产品。电影与电视节目同时吹奏“新时代”主题，吸引数百万对此感兴趣的观众。

为什么会发生这种事？

爱是终极治疗者

几百年来，人类一直误信科技，以为科技充分发展后，就能解决人类的病痛问题。而且，科学将建设路径，让人类走出野蛮森林，远离疾病、贫穷、悲惨与痛苦。

现在我们知道了，只靠科学与科技，不足以解决人类的问题。**科技能用来做好事，也能做坏事。唯有以文明、智慧、平衡的心灵运用科技，科技才能真正帮助我们**。我们必须找到平衡的心灵。

爱，正是这个平衡的杠杆支点。

当人类有了密实的灵性经验，爱的能量即将被唤醒。这种形式的爱是无条件的、绝对的、超越的。就像纯粹能量的脉搏，这个能量力量强大，例如智慧、同情、永恒以及纯之又纯的崇高意识。**爱是最基本而且无所不在的能量**。**它是我们存在的本质、宇宙的本质**。**爱是大自然里最根本的“建筑砖块”，联结、统合所有的事物以及所有的人**。

爱不只是目标，不只是燃料，不只是理想。爱是我们的本性，我们“就是”爱。

我希望**这本书教你如何辨认爱，如何耕耘，扩大你“爱的经验”，以及如何对别人表达你的爱，放射你的爱**。这样做之后，你将在生活中体验到更多的欢乐、健康与喜悦。

爱是终极的治疗者。不久的将来，爱的能量所表现出的某些属性一定会被科学研究，而且也将被测量、量化、了解。而另一些属性仍将继续保持神秘，无法被测量。我们非常幸运，当爱的能量被人深入感受到时，它的治疗效能就会发挥力量，不论它是否被人了解，能不能被测量。

物理学家都知道，任何东西都是能量。原子弹被制造出来，是因为人类懂得能量转换与能量释放的技巧。草药与传统药物之所以有效，是由于细胞间的能量转化。虽然结果大不相同，但基本的运作是一样的，即能量转换。

爱的能量蕴藏的潜能，比任何炸弹更有威力，比任何草药更具神效。我们还未学会如何利用这种最根本、最纯粹的能量。一旦我们学会了，各种层次的治疗，包括个人的与地球的，就可能发生。

我曾在之前的书籍中，描述了各式各样的形而上的经验：轮回、灵魂状态、治疗与治疗者、灵异事件、通灵能力、濒死与死后经验，以及存在于“另外世界”的智慧、神奇的生命体。

现在正是大好时机，去体会、理解这种能量。这种能量普遍存在着，而且与所有的经验、现象、存在紧密关联着。你的生命将因为这种能量而扩大、提升，而且，你也将有能力移除让内心不再平静喜悦的障碍。

我们的灵魂总是被引向爱。爱是包含一切的能量，当我们真切体会到这一观念，爱的治疗波动就能迅速转化我们的身体、心灵与灵魂，然后带着我们跨越长期的疼痛与疾病。

第一章

生命的轮回

◆ 灵性大师导引 02

我们在来到这里之前，走过好几个不同阶段。我们蜕去婴儿躯体化成儿童，从儿童化作成人，再从成人退化为老人。为什么我们不该跨越一步，蜕去成人形体，直接站上精神的国度？不能。我们不会停止成长，我们不断地成长。我们走过不同的发展阶段，抵达之前，我们被烧成灰烬。我们必须走入全新的阶段，学习的阶段还有决定的阶段。我们决定什么时候回去，回去哪里以及为什么要回去。有些选择不回去。他们选择进入另一个发展阶段。他们继续以精神体的方式留在这里……有些回去之前，留下来的时间更长久。一切都是成长与学习……不断地成长。在这里，身体只是载体。我们的灵魂、我们的精神永恒不朽。

我们的生活不是随机事件与随机行为的结果。人生是一部剧本，需要我们明智、谨慎地编写，才能提高学习与进化。

我们选择自己的父母，他们也是灵魂，我们曾在前世与他们互动过。我们从孩童时代就一直学习，然后进入青少年、成年，我们的精神不断发展，就跟身体演化一样。肉体的“死亡”后，灵魂离开身体，在更高意识的国度里，我们的学习继续着。我们回顾刚结束的这一世，学习该学的功课，并计划下一次轮回，学习不会因肉体死亡而结束。

当灵魂离开身体后，我们会拜访好几个不同的意识层次。其中一个重要层次是学习阶段，我们在这里回顾一生。我们再度体验每一次的遭遇，每一段关系。每一个我们帮助过、伤害过、爱过、恨过的人，他们的情绪我们会一一感受，而且感受得非常深入。因为这是一种强有力的学习设计，迅速、密集地反馈我们在尘世生活的诸种行为。我们在人的关系中学习，因此，了解我们是如何与别人接触的很重要。

轮回的概念解释并澄清了我们目前的生活关系。通常，遥远的前世事件仍然影响今生的关系。追究出前世因果可以治疗今生的关系。所以，觉察与理解有很强的治疗力量。

我决定用底下的回溯案例作为本书的开始，因为这描述与解释了我所采用的回溯治疗，它包括了技巧与诠释。它几乎是没有编排过的，保持了原汁原味。我希望各位经验这个历程，如临现场。

不只如此，这还是很有特色的前世今生个案，当事人的记忆从儿童回推到婴儿、出生前，再回推到死亡后，它显示出灵魂走过的路。

电视台的新闻节目曾请我示范前世回溯催眠。电视台的记者很有兴趣，自愿当我的“病人”。催眠时，我采用逐步放松技巧，温和而逐渐地深入，让她进入被催眠状态。催眠本身是一种身体放松与注意力集中的状态，它不是时空旅行，也不是神通。在放松与集中的状态中，记忆功能大大提升了。

她的回溯充满戏剧张力，很生动、很精彩。她体验到自己的童年、出生与前世记忆，然后从生命与人的关系中找到正面的助益。

回溯治疗故事 01

安德莉亚：体验爱的能量

五月底的纽约，一个闷热、潮湿的日子，摄影作业打出的强光与高热，让环境更加燥闷。我的后背淌着汗，脸上轻淡的化妆也被汗水冲刷着。安德莉亚，这名记者还未现身。

我很想找一个放松、安静的地方拍摄，但节目制作人却选择闹市中的公寓作业。我不是进入有空调设备的摄影棚，而是在没有冷气、闷热难当的公寓房间里。打开窗户，微风生凉，可是刺耳的噪音、警笛等令人分心的东西，一并吹进拥挤不堪的房间。不利的环境加上电视摄影机的压力，我闷闷不乐地想着，成功回溯的机会渺茫。

终于安德莉亚来了。她对高热与吵人的警报器好像不在乎。很明显，她从小就习惯城市的吵闹。安德莉亚更担心的是整个下午令她身体不适的疼痛。同样，我也担心她身体的疼痛会造成严重干扰。录影之前，我们花了些时间互相认识并讨论催眠程序。

我在书上呈现了催眠诱导的整个过程，虽然有些地方是重复的，但这是为了让催眠技巧透明化，显示这并非魔术或变戏法。重复是故意的，目的是让对象深入催眠状态。催眠中的对话也没有更动，因为我希望各位体会整个催眠过程的原貌。

麦克风打开了，三台摄影机架好了，准备录影了。安德莉亚穿着酒红色宽松衫与黑裤，坐进磨旧的长沙发椅。催眠诱导开始了，虽然身体不舒服，安德莉亚还是很快进入深层的恍惚状态。

事后她告诉我，疼痛在这一状态中完全消失。

她注意倾听我的渐进引导。

“我们开始了，”我说，“慢慢来，闭上你的眼睛，目的是让你觉得非常舒服。所以，你必须听我的指示，明白吗？”

安德莉亚点头，开始放松。

“很好。有更快速的方法，但是我希望你体验整个放松的历程，所以请轻轻闭上你的眼，一直到结束。首先注意你的呼吸。这是一种进入内在的古老方法，有人说这是瑜伽呼吸法。呼吸是很重要的。现在请好好发挥想象力，想象你真的把身体内的压力和紧张呼出去，并吸进身旁美丽的能量……呼出压力与紧张，吸进美丽的能量。这样，你的呼吸就越来越深沉。你也能集中精神在我的声音上，让我的声音带着你，越来越深入。而且背景的杂音或其他干扰也将让你越来越深沉，它们不会有任何影响的。你会走得很深入，并获得美妙的体验。”

我停顿了一下，让安德莉亚深呼吸几次。

“我们曾经谈过，催眠对身体或心灵都非常健康，可以让人放松，并放下压力与紧绷以及松开身体。很好，现在你的呼吸非常非常舒服……呼出压力，吸进美丽的能量。呼吸的时候，请放松肌肉。你会做得很好，因为你很关心自己的身体，不像有些人一点都不关心。所以，尽可能让自己舒服。你随时都可以动，如果有哪个部位不舒服，你可以稍微动一下，调整到最舒服为止。请放松脸部与下颚的肌肉，感觉它们已经彻底放松。放松所有紧绷的肌肉。请放松颈部肌肉，柔柔软软地放松。许多颈部酸痛或有头痛的人，都是因为颈部太紧张了，而且他们根本没有注意到。所以让你的颈部彻底放松，你肩膀的肌肉那么柔软、那么放松。请放下所有的紧张与紧绷。你手臂的肌肉，现在非常放松，就像沙发与软垫完全支撑着你。很好，你非常非常舒服。”

她的呼吸开始缓慢、深长，我看得出她已经沉入深度的恍惚里。安德莉亚的头部慢慢下垂，是非常放松的姿势。这时候，我可以听到背后摄影人员走来走去调整镜头的声音，我知道他们正在拍这名沉睡安琪儿的特写。

“现在，你背后的肌肉也彻底放松了。当你进入更深的平静状态，背部上方与背部下方肌肉也一起放松。每一次呼吸，你都让自己更深一层。现在，请放松胃部与腹部的肌肉，这样，你的呼吸才能继续保持平静。最后，彻底放松腿部的肌肉。现在你进入更深的美丽状态，让沙发完全支撑着你，非常好，非常好。你集中精神注意听我的声音，就让我的声音带领你进入更深一层，更深一层，也让外界的噪音与干扰继续让你进入更深一层。偶尔你会听到各种杂音，那是没有关系的。你仍然进入更深一层，更深一层。”

“现在，请想象或观想头上有一道美丽的亮光。你可以选择任何喜欢的颜色。想象那是一道治疗之光，有美丽能量的光，可以深化你的光，让你进入更深层的宁静。那同时也是放松之光，让你完完全全放松。这是一道灵性之光，你全身上下接通了这道光。你选出一种喜欢的颜色。现在让灵性之光进入你的身体，从你的头进入，照亮你的脑部，照亮你的脊椎……现在，灵性之光从上面流泻而下，美丽的光波动着。你越来越深沉。而且，美丽的光亮接触你体内每一个细胞、每一种组织、每一条神经、每一个器官。”

我继续深化她的催眠状态。我的声音变得越来越柔软，越来越有节奏，增大催眠效果。

“你会把精神集中在我的声音上，当亮光充满你的心、治疗你的心，并不断流泻之时，你就越来越深入，深入。只要你需要被治疗，就让灵性之光强大起来，强大起来。当你越来越深沉，其他的光继续流向你的双腿，流向你的双脚。你的身体注满着光，你就在平静、放松的状态里，你正在注意听我的声音。现在，想象整个灵性之光已经完全环绕着你的身体，就像你在美丽的泡泡里，这个光的泡泡会保护你，治疗你的肌肤，让你更深沉。现在，我要从十倒数到一，继续深入，你的心灵不再设限，不会被时间与空间所限制。你非常深入，可以回想起任何事情，也可以回想起任何曾经遭遇的经历。你可以回想起这个身体的遭遇，或是另一个身体的遭遇，或是身体与身体之间的灵魂状态。你有能力回想起任何事情。”

倒数是深入催眠非常有效的技巧。

“十、九、八……继续深入，每次倒数都要深入……七、六、五……非常深入，非常平静……四、三……非常宁静、非常祥和的美丽状态……二……所有的焦虑，现在完全离开你身体……一。很好！在这个美丽的平静状态里，想象或感觉正在下楼梯，往下走，往下……深入，再深入……往下、往下……每往下一步，你就更深沉。然后到达了底部，在你的面前，是一座美丽的花园，一座充满爱、宁静，而且很安全、很明朗的花园。这是一座奇妙的花园。走进花园，找个好地方休息一下。你的身体依然充满着光，被灵性之光环绕，继续治疗、放松，继续休养，让全身充满活力。你心灵的最深处即将打开，而且你可以想起任何事。你即将展现这种能力，就让我们开始回溯，先是小小一步，然后回想起越来越多，越来越多。”

安德莉亚的头已经向前下沉，下巴几乎贴上衣领上的小麦克风。她的催眠程度已经很深了，不必再施用更进一步的深化技巧，我决定开始让她回溯。

“等一下我会从五开始倒数，就让童年的回忆出现吧！如果你希望回忆是愉快的，或者，你的回忆可能要教导你某些事情，或是回忆具有某些价值可以帮助你，让你现在的生活更平静、更快乐。用你所有的感觉、所有的感情，彻彻底底回忆。如果觉得不舒服，你可以随时脱离回忆，飘浮在场景上面。但是如果你没有不舒服，继续停留在回忆里，你的回想会更加逼真。在深沉的催眠状态中，你可以讲话，同时维持深沉状态，并继续体验回忆。现在我要开始倒数了，运用你所有的感觉，让你的回忆详尽完整、栩栩如生。回想你的儿时经历，五、四……你能回想任何事情……三……集中精神……二……一切回忆都在等你……一。到了。停留一下，重新经历现在的一切，记住它。你可以讲话了，告诉我你现在体验到什么，继续停留在深沉的状态。你回想到什么？你看到了什么？”

“是冬天。”安德莉亚开始说了，“爸爸跟我在散步。他总是要我在冬天跟他散步。”

“还有我们的大狗也跟着散步。风吹得好厉害，而且下雪，我们走在风中。我喜欢这样，因为这时候只有爸爸跟我，其他孩子不能一起来。很冷的天气，爸爸穿着常穿的大棉衣，月亮不见了，我们的狗喜欢下雪天。”安德莉亚说话的声音很像孩子，浓重的中西部口音取代了专业记者的优雅声调。

“我们走路、谈话，把雪踢上来。那是晚上，没有人开车出来，我们就在大街中央聊天。街灯是老式的大球泡灯，很漂亮。整个世界好像停了，只剩爸爸跟我。”她的脸上挂着明亮微笑，很娇柔。

“你能看到自己吗？”我问，“你是什么模样？穿什么？”

“头发特别短。”她似乎很惊讶。

“你几岁？”我问，希望她扣住场景。

“八岁。”

“那么，你一定穿着外套。”

“我看不到是什么颜色。”她的回答有些迟疑，“说不出来。

我围着围巾，戴着手套，穿着长靴，但我的脚暖不起来。”

“你爸爸的外套呢？是什么样子？”

“是红色的大外套，附有白色羊毛头套。他在芝加哥买的，冬天时常穿。”

“对你，这好像是非常快乐的时光，因为你跟父亲一起，还有狗，而且一切是那么平和。”

我观察到她的眼眶里有泪珠在打转：“怎么了，这里有悲伤的回忆吗？”

安德莉亚摇头。

“只是快乐？”

她用微笑回答。

“真希望我又能变成小女孩。”她说得轻轻柔柔。

“好，现在你就是了。”我解释说，“去体会它，它非常生动。你现在就在雪地里治疗，只要你愿意，就可以听到靴子踩着雪地的沙沙声，而且看到你的狗兴奋地在雪中玩耍。你可以好好感觉，不会觉得不舒服。”

我要安德莉亚运用所有的感觉与感情，完完全全地体验这个美丽的童年回忆。

“我们从没有想过早点回家。”她继续说，“我们散步好久好久。他从来不会……催促。就看我们走哪条街，我总是搞不懂我们在什么地方，但是最后我们一定走到固定的老地方，然后回家。妈妈已经准备好热巧克力迎接我们。”她又绽放微笑，表情柔和。

我又听到摄影机的嘎嘎声，决定先总结安德莉亚这一部分的经验，进到更深一层。因为录影有时间限制，我必须比诊所诊断病人更直接、更快速地找出关联与启示。同时我也考虑到房间里的其他人员没有必要知道安德莉亚的私密，因此我让她静静体验自己的某些回忆。而且这次催眠只是示范，不是治疗。

“非常好。在这个事件中，我希望你记住与父母亲之间的爱与关怀。因为一杯热巧克力也传达了关爱。这些是爱与青春的美妙回忆。等一下你从催眠中醒来一定会记住这个美好的爱与关怀。真的是美好的回忆，你一定会带回这些记忆的，带回友善、幸福、快乐，还有你的狗。人生就是这样子，有很多机会去爱、去关怀。而且非常简单——跟你爸爸散个步，不必付出高消费。醒来后，你一定会记住的。现在，你准备好再进一步回溯了吗？”

“准备好了。”她回答得很干脆。安德莉亚尝到记忆中的甜美，还有浓烈的亲情，她想要更多。

“很好。就飘浮在记忆之上吧。飘浮在上面。你感觉很自由、很明亮，现在飘浮起来，离开这段时间，让这段记忆消退。现在，我们再往后回到你出生之前，在子宫里，在你母亲的子宫里。我要再倒数一次，从五数到一，无论你看到什么，感觉到什么，你都会很好。不要审判任何东西，也不要批评、分析它，就只是去体验它。体验才是一切。当我数到一的时候，你要在那里，在出生前的子宫里，找出你有什么感觉、感情、想法，无论那是身体上或精神上或是灵性上的感触。也许你将发现为什么这辈子要选择这样的人生，以及为什么选择他们做你父母。无论你看到什么，一切都很平安。你可能会感受到身体之外发生了什么。这种情形很平常，没有关系的。无论你体验到什么，一切都会很好的。现在准备好了吗？”

安德莉亚慢慢点头，表示同意。

“很好。做一两次惬意的呼吸，然后再继续深入、深入。当我从五倒数到一，我们会回到你出生之前，你的这一世，在子宫里。让我们看看你记得什么，能体验到什么。五，你可以回想起任何事……四，回到你出生之前，在子宫，在你母亲的子宫里……三，不管感觉到什么，你都不会有问题……二，集中注意力……一。到了。花点时间熟悉环境，运用你的身体、感情、灵性……感觉所有的一切……任何的印象、想法都不放过。有时候，你会体验到母亲的感觉或想法，因为你们紧密相连，对父亲也是这样，只要他在旁边，你也可以体验到他的感觉或想法。花点时间回想，并重新体验这一切。你能够讲话，但依然保持在深沉的催眠状态，不断去体验。现在你可以告诉我你的体验。”

“你感受到了什么吗？”我问。

安德莉亚以一闪即逝的微笑回应。我立刻知道，她已成功跨越时间，进入这一世的初始阶段。

“我妈妈非常快乐。”她微笑着说。

“好，很好。”我松了口气。她终于回想起某个重要事件。我背后的摄影机，正在把整个过程录下来。“你觉得她很快乐？”

她点头说是。

“很好。所以，你正是他们想要的。这件事很重要。还有什么吗？你还感受到什么？你自己有什么感觉？”

“说不上来。”

“有任何印象吗？身体有什么感觉？”

“妈妈是很好笑的短头发。”想不到出生之前，安德莉亚就注意发型，对发型有看法。

“是的，你看到了。你会怎么描述这种短发，好玩在哪里？”

“好像是她用刮胡刀剃的。真的非常短，爸爸喜欢这种发型。”安德莉亚同时感知到父亲的感觉，他的喜欢与不喜欢。

“他喜欢那么短的头发？”

“没错，他真的很帅。”她补充说。

“你也看到了父亲，是不是看起来更年轻？很好，很高兴你是他们要的，而且他们也很快乐。这是很适合诞生的好环境。”

“他们特别兴奋。”待在这个地方，安德莉亚很满足，也很享受这些奇妙的感觉。她根本没有注意到时间过了多久，以及带子录了多少。

“很好。让我们来看看分娩，我数到三，记住，你不会有痛苦或不舒服，只是观察，看看你从这个生产过程中感受到什么。我数到三，你不会感觉痛苦或不舒服。一、二、三。进去看吧。不论你感受到什么，一切都很好。现在，你体验到什么？”

安德莉亚沉默了10到15分钟，最后回答说："黑黑暗暗的地方。"

"有什么感觉？"我不知道她现在在哪儿，而且"黑黑暗暗"的地方又是哪里。

"好像还没有结束。"她解释说，现在我知道了。

"噢，生产还没结束。好，你可以通过这一阶段，没有痛苦，没有不舒服。通过它，现在，被生出来。"

"我妈妈没有被麻醉，没有。我生出来全身粉红。观察生孩子的过程真是有趣。"

"粉红的。那么，你正在……"

"哭，不过我没事。妈妈也很好。"

"她不想被麻醉吗？"

"她拒绝被麻醉。她不希望我生出来后像其他婴儿，是暗蓝色的。"没错，有时候麻醉会影响婴儿。

"我了解，你不是暗蓝的，你是红彤彤的、灵活的，而且正在哭。你看到妈妈了吗？或是看到什么？"

安德莉亚乐不可支，爆出笑声："大家都很快乐。她被送到另一个房间，跟其他妈妈在一起。我爸爸是医生，却没有为她安排自己的病房。"她观察到这个讽刺又好玩的事情。

"外边是蓝色的。"她补充，"阳光普照的日子。"

"你注意到很多事。"我说，"有很多细节。医护人员把你抱给妈妈看吗？情形怎么样？"

"她把我抱在怀中，好像我一直都没离开她。"

"她对你好吗？"

"她很开心，很瘦，体重不大够。"安德莉亚注意到许多身体特征，譬如短发与体重。

“你还好吗？”我问。

“很好。”她很肯定。

“这是个很好的回忆，你注意到很多细节。好好回味吧，包括被母亲抱在怀里，她剪短发的模样，很瘦，等等，而且你们都快乐。很好。”

“我爸爸很自豪，逢人就吹嘘，嘴巴一刻都没闲着。”

“他带很多人来吗？”

“不停地带。讨厌。他拉着每一个来探望的人到婴儿室的大窗前看我。讨厌！他真是好玩。”

“从你一出生他就强烈地跟你联结着。”我注意到这个现象，想起8年后他们会在某年冬天的晚上散步，彼此有很深的关爱，“不过，这样的关爱有点‘讨厌’。非常好，你会记住这一切的，即使从催眠中醒来也不会忘记。我知道其中还有很多的细节，多到你来不及看，来不及感受，更没办法描述，包括色彩、室外的一切、房间、其他婴儿、父亲穿什么颜色的衣服、他的模样，等等。请好好去感受这一切，沉浸在关爱里，即使你说爸爸‘讨厌’。所有这一切都是爱，都非常美好。这当中有很大的快乐与喜悦。能诞生在这样的世界里——是父母想要的、充满着爱，大家高高兴兴的——真是非常美妙。你会记住更多细节的，请把这一切全部吸收，房间的格局、大小、摆设等等，更重要的是，请吸收所有的爱。”

安德莉亚的脸突然阴郁起来。“我妈妈隔壁床的女人——她的丈夫进来了。她刚刚生了小婴儿，可是丈夫却要跟她性爱。”

“就在病房里？”不可思议。这段突然冒出的不愉快记忆，让我非常惊讶。

“没错。她说不行。他的态度很不好。我妈妈也不高兴。”

“你妈妈知道这件事吗？”

“知道。病床跟病床中间有帘子隔着，不过那个男人很粗鲁。”

“他太太不是拒绝了吗？”

“没错——她刚生完孩子！”安德莉亚用力说。

“我知道。”

“我妈妈不快乐。”她重复说着。

“那男人离开了吗？”

“没有。”

安静了好一阵子。我打破沉默说：“他实在很不体贴。你诞生的家庭体贴多了，不只如此，他们还特别关心你、期盼你，因为他们有同情心也很体贴。”

“我脖子酸。”安德莉亚的头垂倒在沙发的扶手上。我也再度注意到录影装置因为她的不同姿势而调整位置的声音。

“很好。现在的你非常舒服。准备好离开这一幕了吗？”没有回答。所以，我让她多逗留一下。

“或者，你想多待一下吗？你可以再停留，而且更加深沉。你的呼吸更深了，你的脖子非常好。你可以在这里舒舒服服地休息，焦点集中在快乐，或是你看到的其他情形，譬如其他躺在病床上的人。不要让他们的负面能量影响你。那不是你的家人。多去体验一些，观察这跟你日后在雪地的散步有什么关联。”

我决定让她把这些事联系起来。

“一个得意的父亲，你爸爸，你的出生让他引以为傲，然后在冬天会有充满爱的散步。这是同样的爱，也有相同的关联。你七岁的时候跟八岁有差别吗？爱从来没有停过，它是永远的。看看整个的关联，在这个状态里多停留一下，因为这是非常好的状态，有快乐的回忆。即使出生之前，你也一直带着这个爱，也感受到父亲、母亲的快乐。你可以看到一生中这整个的关联。你带着爱，而且还不只是接受爱，你还把爱回馈给爱你的人。”安德莉亚再度微笑起来，沉浸在这些思想里。

“所以这不只是幸运，而是你努力得来的，是你应该得的，而且没有什么比爱更重要。现在，我们再往前回溯，好吗？”她同意了。

“很好。现在飘浮到这些景象上面，离开医院与育婴室，让眼前的景象慢慢消退。现在想象你面前有一道美丽的门，这道门可通往前世或进入灵性状态。门之后可能有光线流泻出来，流到你目前这一生，这也是为什么你的今生有那么多爱的缘故，或者这些光也流向某位特别的人，流向某个症状或任何你想注意的东西。通过门之后，我要从五倒数到一，这时候你会在门的另一边看到美丽的光线。”

“我已经看见光线从门的缝隙里透出来。”安德莉亚处于很深的催眠状态。

“你已经看到光线？很好。我们就穿过门吧。这里也有一些景象，可能是古老的年代，也有可能是前世。进入景象，进入。当我倒数的时候，穿过门，进入美丽的光线里。五，门开了，它要拉你进去，吸引你进去。门的另一头有你可以学习的东西。四，你通过门，走进美丽的光线里。三，穿过光，你会看到某个景象，遇见某个人、某个东西，在光的另外一头。在我数到一的时候，完完全全集中焦点。二，集中精神，你可以想起任何事情。一，到了！如果你发觉自己在某个身体里，往下看你的脚，看看你穿什么，皮鞋或便鞋或是长靴，还是光着脚。再看看你的衣服，注意细节。注意它的质料，因为不只要看，同时也要感觉。你看到了什么吗？”

“我穿着男人的长靴。”她观察到了。

“男人的长靴？”

“我什么都没有，但我不是男人，我是女孩。我没有穿女孩的鞋，因为我们负担不起。”

“因为负担不起，所以才穿男人的鞋？”

“男孩的鞋。”她更正说，“像是有圆头的那一种。我很不好意思，因为我不应该穿这种鞋。”

“因为那是男生穿的？”

“是的，女孩子……我是说我应该穿女生的鞋，但就是……”

“那么，你穿什么衣服？”

“穿裙子，垂到地的那一种。暗红色，有围裙或刺绣，或是前面有什么东西的那一种，像是附加的。我戴着软帽。”安德莉亚审视衣服时，闭着的眼睛不断颤动。

“戴着软帽。好的。你几岁呢？”

“九或十岁。”

“很好。旁边有人吗？有看到什么人吗？别人的家或什么房子？”我希望得知那个时代的更多情况。

“一栋铺满草的房子。我们住在某个地方的牧场。但是这里我看不到其他的房子。只有我们的房子。我穿的靴子不是我的……我有一个哥哥，靴子是他的。这里是某个地方的平原，是西部，但不是洛矶山一带的西部。我们就住在平原。我们是农人。”安德莉亚回想起她的前世，就在美国中西部。

“那里的生活艰难。”我补充说。

“我们有一头乳牛，有花园，还有井，房子真的很简陋。”

“好，现在我要你去看看父母，不只是看你哥哥而已。我会数到三。去看住在那里的整个家庭。一、二、三。去看整个家庭，也许在吃晚餐或一起做什么。现在，你好好感受家中其他的成员。”

“大家都站在房子的大门前，好像准备照相。没有错，他们站立的姿势就像明信片上的图。”

“很好，你看见他们了吗？”

“只看见同样的妈妈、爸爸，相同的眼睛。”通常我们在不同的关系中轮回。安德莉亚住在平原的这一世，父母跟今生相同。

“有时候会这样子。我们跟所爱的人一再团聚。你兄弟呢，你有看到吗？”

“我只有一个兄弟，是小的，我弟弟。但是我觉得不认识他。”

“你认不出他吗？”

“根本看不到他的脸。”安德莉亚解释说。

“你穿的鞋就是他的吗？”我有点糊涂，因为她刚说鞋是哥哥的。

“不是，还有另外一个兄弟，我哥哥，他人不在这儿。”

“鞋到底是谁的？”我想弄清楚。

“哥哥，他人不在这儿。”

“他好吗？”我问，隐约感觉到其中有问题。

“我不认为他没有问题。没有人说什么。”

我决定再深入一点。“让我们找出他发生了什么事。我会轻轻拍你的前额，再从三倒数到一，找找看你哥哥出了什么事。三、二、一。现在你可以回想了。”

轻拍前额可以加深催眠程度，扩大回忆。

“他被射杀了。”安德莉亚突然回想出来。

“被射杀？”

“好难过！”她开始啜泣，整个身体因为悲伤而抽搐。

“我知道。现在没关系了，那是意外吗？”

“我不认为，我想那不是意外。”她的啜泣渐渐停了。

“好，不是意外。你们怀念他吗？”

“我弟弟不记得。”安德莉亚专心回想，不再哭了。

“这件事发生有好一阵子了吗？”

“发生的时候，弟弟还是婴儿。”

“弟弟还是婴儿。好，没关系。那时候你比较大，所以记得。让我们回到他被射杀之前，这样你就可以见到他了。你可以想起来的。我数到三，回到他被射杀之前，这样你就可以看到他了。回到那个时候……一，回到他被射杀之前……二，回去看你哥哥……三，回到他被射杀之前。现在，你可以想起来了。”

“噢，老天，那是约翰，我弟弟约翰！”安德莉亚发现前世的哥哥回到今生，变成她弟弟约翰。她依然很悲伤，不过现在我可以帮助她治疗悲伤。

“现在你知道了，他回来变成约翰了，你不必再悲伤了。因为你看到了其中的关联，也看到他很好。真的很好。以前你很怀念他，而这也解释了你与约翰的许多关系。”

实际上，我并不了解安德莉亚与约翰是姐弟关系。但是，见到安德莉亚对前世哥哥被射杀有强烈的情绪反应，我可以知道，在今生里，他们的关系会有类似的形态与效应。

“你曾经担心失去他吗？”

“婴儿的时候他病得很重。”

“怎么回事？”

“他是早产儿。”

安德莉亚看起来好像要再哭一场的样子。

“没关系了,现在一切都很好了。很多事你们都凑起来了，关于约翰，关于生活的事。你现在体验到什么吗？又想起了什么？”

“我还是悲伤。”

我决定让她在这个生命历程里多前进一点。

“让我们继续往前。哥哥被射杀，那是过去的事情了，没有关系了。让我们再看看这个女孩一生中其他重要的事件。哥哥的事件过去后，她现在已经长大了。”

安德莉亚的脸立刻明亮起来。

“现在我可以拿枪射击了。”她很骄傲地宣布这件事，安德莉亚的心情全然改变。

“现在你可以拿枪射击了？”我附和着。

“我是好手，练习射靶很准，比所有的男子更准。现在我穿的鞋子不一样了。”

“自己的鞋，是吧？”

“所有的男子都来献殷勤，因为他们认为我会开枪很酷。”

“你们住的地方现在没那么孤立了吧？”

“没有。房子更多了。虽然不很多，但是有一条路了，人们进进出出。我也长大了。真是好玩。”

“这些都是快乐的回忆。男人大献殷勤，而你又是女神射手。”我要她在这个场景里多待一会儿，因为这里的气氛快乐。

“他们逗弄我，不过他们也钦佩、爱慕我。”她补充说。

“你看得见自己吗？长什么样子？你一定很漂亮，所以才有那么多追求者。”

“深红的卷发挂在肩上，发上绑条蓝色丝带，淡蓝色的。我穿着花裙子，朵朵的小花。我的衬衫是白色或是浅粉色。那只是一般的衬衫，不是很高档。可是我觉得哥哥不在，所以我学习……想要……感觉这个压力，这个压力就是喜欢上其中一个男子。”

“作为取代？”

“我只是想照顾好自己。”安德莉亚澄清。

“是的，你做得很好。学会射击，懂得控制手枪，而且准头比那些男生好。这些追求者呢？有没有人是你——”

她插嘴说：“他们只会让我倒胃口。”

“好吧。让我们再前进。我将数到三，进入下一个重要事件。一、二、三。到了。你现在老了。有什么状况吗？”

“她有自己的房子。我正在观察她。”安德莉亚正从宽广的视界，观看这一世的她。

“很好。你可以观察，或者是进入她——看你觉得怎样做比较舒服。”

“她单独一个人住。”

“没有结婚吗？”

“没有其他人。她自视甚高，觉得那些男人都配不上她，但是她并不孤单。她有个农场，有人替她工作，他们喜欢她。她很公平……”在观察这些景象的时候，安德莉亚的声音减弱了。我开始让她再往前看。

“所以她是非常非常能干的，建造自己的农场，雇了些人，合作愉快。在那个时代，这对女人是艰难的挑战。她必须非常坚强。现在，让我们去看看她这一生的尽头，她的最后一天、最后一刻。如果觉得不舒服，你可以飘浮在上面；如果没有不舒服，就留在那个场景里。我数到三的时候，完全集中精神，进入生命的最后一天。一、二、三。到了。进去看看发生了什么事？旁边是不是有人？”

安德莉亚似乎非常平静。“没什么特别的，她非常平静。她老了。没有人在旁边。”

“不过她很好。”安德莉亚补充说,“她这一辈子过得很好,没生过病。她看起来很好,只是老了。她穿着白色高领的衣服,只是坐在那里，往外看，就只是坐在门廊上。”

“那就是她去世的地方吗？”

“大概是吧。”

“现在飘浮,飘浮起来。离开旧躯体。当你的灵体往上飘,你觉得非常轻、非常自由。也许你可以往下看，看到她，看到她在下面的身体。然后，你感觉非常轻盈、自由，回顾整个一生，回顾她学习到什么功课，以及你的学习。好，你学习到什么？她又学习到什么？”

“她学习到不要害怕孤独，她也学习到要好好照顾自己。”安德莉亚从更高的视界回答。

“是的。必须独立。”我跟着说。

“非常独立。她真的喜欢这辈子的生活。别人逗弄她是因为她一直没结婚，也没有一儿半女。她不在乎这些事。社区里的人喜欢她。在她的后半生里，别人不再笑她了。他们喜欢替她工作。她养了很多的家畜。”

“现在，在飘浮的状态里，看看你感觉到什么？”

“我一直往上，她越来越小了。我在飘浮，在蓝光里。我正在飘浮。”

“很好。你的感觉很好。不再有病痛、衰老,只是飘浮着。你的意识仍继续运作，接下来发生什么事？或者你只是飘浮着？”

“这里只有蓝色的亮光，光来自我头部的左边，是一种圆锥体的蓝色亮光，我看不到圆锥外面……”然后是很长的静默。

“还有什么状况呢？”我终于问，想多知道一点蓝光锥的事。

“没有……”

“好吧。你准备要回来了吗？”安德莉亚点头。

“好，在你回来之前，找出她在大平原独立生活的一生与现在的你的关联。”

安德莉亚正在学习某些重要功课。她在快速处理“新”资料。她开朗地说：“我真的很喜欢她。”

“很好。你拥有她的力量，并带着她的力量到今生来。真的是非常好。而且，你也知道你的兄弟也回来团聚。所以，死亡并不是我们常见的那个样子，人会再度回来。”

“我太想念他了。”安德莉亚的悲哀神色，一闪即逝。

“我知道。但是她变得非常坚强、非常独立。关系非常重要，独立也是，它们必须保持平衡。所以他回来了！这一次，虽然婴儿期有点小状况，但是现在他活着。你们重新团聚。这就是灵魂的作用，爱的作用。我们不断重逢。所以放下任何的悲伤，放下对失去的恐惧。我们一定会回来团聚，一次又一次。也要记住父母亲对你的爱。他们也曾活在中西部平原。雪地与狗，父亲与大衣，这些也要记住。今生你身上所有的爱维系着你的关系，独立、坚强，你达成了平衡状态。你做得非常好。所以，感受到她的力量、独立以及你有能力维系良好的关系，这些带给你正面的想法与感情。”

消化完所有的信息、体验与情绪之后，安德莉亚看起来很累。

我决定唤醒她。今天她学得已经够多了。

“等一下我要唤醒你，我会轻压你的前额，从两眉之间往上推移。当我往上压时，你可以睁开眼睛，然后醒来。你会清醒，完全可以控制自己的身体与心灵，你会感觉很舒服、很轻松，就像把东西从肩头放下来。因为前世失去哥哥的悲伤现在已经完全消失。你知道他又回来了。你会觉得很平静，很放松，完全能自我控制。当我往上轻推，你就完完全全醒来。”我开始在安德莉亚的前额上往上压，她也慢慢醒来。

“慢慢来，慢慢回来。你的情形很好。有什么感觉？”

“累了。”

“累了吗？”我深有同感，因为我也觉得累了。不过我的注意力仍非常集中。“很紧凑，发生了好多事。这正是你预期的吗？”

“没有。我从未期望能看到自己的兄弟。我以为可以看到某一个女儿，但是她没有出现。我觉得好像被拉进另一个时空，不同的生命，但是我到不了，到不了那里，我看得到它在哪儿，但到不了。”

“第三个地方？”

“没错。我就是到不了。”

“你知道那是什么时代吗？”

“不知道。那是大平原那一世之前，但我就是到不了。它仿佛在那道蓝光之流里，可是那纯然只是光锥，然后就没有了，就像第一次，蓝光完全包围了我，而我突然看到脚部。那是……我看不到光的尽头，也不知道它停在哪里。好像外边黑黑暗暗的，有人拿着光锥，把我罩住。”

很明显，安德莉亚瞥见另一个前世，也许那一世跟现在的女儿有关，但是她越不过明亮的蓝光。

“它只是要你知道还有另一个前世在那儿，但现在时候未到。没关系，我确定那跟你女儿有关系。至少你发现了你的兄弟——虽然不是你的预期。这就是前世催眠的特性，你无法永远获得你所预期的。那是一种惊喜，但是其中也有些伤感。”

安德莉亚立刻表示赞同：“确实是一种惊喜，因为今生的生活是那么快乐。弟弟跟我非常亲近，可是我们这些孩子中，他是出生后马上生病的人。我并没有期望能看到他的脸。”

“还有，强烈的情绪很具威力，因为它就存在那里，而且如此真实。你可以感觉到悲伤，感觉到分离。同时，在这一世的七八岁时，你又感受到与父亲散步的正面情绪，那是非常……”

“非常棒的回忆。”安德莉亚插嘴。

“没错，非常棒的回忆。”我同意。每当想起童年情景，安德莉亚的眼睛都定住不动。

“我可以感觉到风吹在我脸上，我记得飘落的雪花。我看到了一切，想起每一条弯路、每一盏街灯。这些我早就忘了。”安德莉亚觉得太不可思议了。

“所有的事都想起来了。”我补充说，“所以，这个回想细节的方式，对雪花的感受，对弯路的感受，脚走在地上的感受。所有的这些感受，比身体的感觉更深刻。”

“是不是我说的每一件事，我都会记得，而且知道得更多？”

“当然，你会回想更多的。譬如出生的那一刻，我让你多逗留一会儿。”

“我脱离不开她。”安德莉亚想起来了，说，“那里很暗，有条很长的通道，我脱离不了她。”

“你在那里待挺久的。我以为你出来了。你所描述的黑暗，是你还没生出来。不过你记得一个男人，到床上要跟太太发生性关系，而他太太刚生完孩子，这种情景对你而言栩栩如生，而你才刚降世。真是有趣，这个细节你还记得。”

“我妈妈不快乐。”安德莉亚再说了一次。

“我知道。”

“她把我抱开，转了过去。”现在安德莉亚回想起的细节更多了。即使已经从催眠中醒来，她还可以回想医院的情景。

“第一次催眠出现这些状况，正常吗？”安德莉亚又恢复记者本色。

“估计 50% 会有某种回忆。但你的回忆非常鲜活灵动，而且第一次催眠就有强烈感情，大概只有 15% 的人会有这种反应。催眠这种技巧，可以在许多方面帮助你，不只是在回忆上。”我补充说，“你可以透过催眠学习如何控制身体。例如，降低血压，不必吃药，用催眠就可能有效。而且也可以令你好好安睡。催眠对身体也有治疗效果。如果某人有恐惧症，我们可以用催眠找到原因，并把恐惧症排除。”

“我曾经旅行过许多地方，我常觉得这些地方以前去过。美国西部是其中之一，还有俄国……”

虽然电视摄影机的录影作业已经停了，安德莉亚也处于平静状态，但是对回溯中的体验却谈兴不减。

“他是被长枪射杀的！”她补充说，“来复枪，不是手枪。”

安德莉亚不断补充细节。进入回溯催眠时，人会感受到千百个细节，针对问题的回答仅是1‰。

“约翰刚出生时有黄疸。护士抱他去治疗时，我妈妈对她们说恐怕再也见不到他了，他说不定会死。”

把新生的儿子交给护士时，安德莉亚的母亲出现分离感，内心已经准备好听到儿子死亡的消息。虽然她很爱儿子，而且后来儿子长大了，有力气了，健康也戏剧性地改善，她这种情绪保护仍然存在着。换句话说，母亲一直预期儿子会死去。

新生儿黄疸其实相当普遍，肝脏里的化学物质“胆红素”只是暂时升高，造成黄疸或皮肤的黄化。把婴儿放在自然光线下，或放在某个特定频率的光线下，通常可以破坏过多的胆红素，并让皮肤恢复正常。只要肝脏发育成熟，黄疸就会痊愈。整个的治疗过程只需几天，顶多两星期。

安德莉亚的母亲对新生儿子的黄疸反应过度。身为医生的太太，她应该知道约翰的生命没有危险。安德莉亚表示过，约翰对母亲的谨慎一直放在心上，因为母亲怕跟他分离，所以一直单身至今。然而约翰并不明白其中的道理。

“你可以看出之间的关联吗？”我问安德莉亚，“在大平原的那一世，你妈妈也是约翰的妈妈。他被射杀，妈妈失去了儿子。今生，他又回来当妈妈的儿子，但得了黄疸，这让妈妈想起了前世的丧子。也许她意识不到这件事，但可能情绪或潜意识感受到了，所以为了保护自己，她不断控制自己的感情。再度失去儿子她会承受不了。她真的相信儿子跟以前一样非常脆弱，而且会再一次离开她。”

安德莉亚又兴奋起来。她的催眠回溯，解释了母亲与弟弟之间的关系，她现在知道最根本的原因了。母亲要竖起保护罩，以免再度为丧子而心酸，而弟弟为什么有某些特别的回应。安德莉亚会把这一切讲给他们听。

真正的理解

在我研究过的许多回溯个案当中，安德莉亚是典型的常例，充满记忆，有强烈的感情，以及生动的细节回想。不只这样，她还拥有超级的意识能力，可以学习前世的功课，甚至把前世今生的功课关联起来。

我们的录影有一部分没有在电视中播出，因为安德莉亚的回想太逼真、太感性，执行制作担心这有损她客观的记者公信力。

因此，数百万电视观众无缘了解更多的生命本性，也就是说，我们都是互相关联的，彼此都要负责任，而且杀戮是恐怖的、破坏的，同时，暴力的效应会延续到下一辈子。

安德莉亚对弟弟的前世死亡，以及母亲今生的恐惧找到关联之后，保持很长的一段沉默。我看得出她仍然在沉思，而且不断体会回溯催眠所触动的强烈感情。我也保持沉默。这是她的私人时间，我不想在她的同事面前进一步与她交谈。通常回溯催眠的体会既有强烈感情，也有超越的感受——而且非常个人，无法与别人分享——所以我只是望着她发光的脸庞。

我以最大的同情理解身旁的人，我的心高歌起来。我的意识也转换了。那个闷热、拥挤的房间退了出去。喧扰的交通噪音、警笛以及背后喋喋不休的人声也都停了。我不再注意自己的身体，只注意到眼中所见的美丽亮光。一道声音悄悄在我的心灵边缘响起。我相信那是大师。

◆ 灵性大师导引 03

当你看着别人，在互动关系里，在治疗里，在生活里，你要穿过时间看到他们的灵魂，看到永恒。不能只是看到眼前的短暂肉体存在。因为你也是灵魂。

声音非常轻柔，充满着同情与关爱。他是在规劝，不是批评。

我再度柔和地望着安德莉亚。我看到了她，一名全新的女孩。我知道她有过许多生命、许多名字，但她的灵魂永远是一样的。我必须看出人的这个部分——永远不会变的灵魂——而不是昙花一现的肉体，这样才是真正的理解与帮助，帮助他们也帮助我自己，因为我也是灵魂。

你们一样，也都是灵魂。

灵性的治疗力量

我的许多病人跟安德莉亚一样，回想起遥远的记忆后，慢性症状戏剧性地减缓或消失。

譬如，一名五十岁的南美洲妇人患有严重的幽闭恐惧症，她在童年时代就饱受折磨。我为她做催眠回溯，她回想起古埃及时代，法老王的一个亲戚去世，那是她的主人，抓她们这些奴隶陪葬。奴隶们被封在墓室里之前，被强迫吞下毒药，以免窒息而亡。回想起这件事之后，她的幽闭恐惧症消失了，而且从未复发。是什么样的作用，让这个临床症状改善？

我个人相信至少有两种解释，虽然其中其他因素也会发生作用。依据我的经验，回想出压抑或遗忘的痛苦创伤，通常会带来治疗效果。回想这些事件如果伴随着情绪,在临床上称为“宣泄”,这是精神分析与其他传统精神治疗的基石，把埋藏的记忆带到意识中非常有用。我的研究显示治疗的区域必须再扩大，不能只是停留在儿童期或婴儿期的心灵考古，前世的检视与回忆必须挖掘出来，然后彻底治疗才可能发生。

第二种解释是，这些记忆之所以促成临床上的病情改善，是因为我们体验到自己在别的身体里。在古代的时空里，我们眼见自己多次死亡、重生，并确实体会到自己是永恒的灵魂，而不只是单一的身体。我们不曾真正死过，我们只是变换意识层次。由于我们所爱的人也是不朽的，所以我们也不曾真正分离过。这种灵性本质的真切体会，正是强大的治疗力量。

安德莉亚的回溯经验，如同钻石的一个切面，反射了本书的重要主题。她回想起尚未出生前还是胎儿状态时的记忆与感情。她也感知到父母的情绪，这显示出我们的意识是“非局部性的”，而且，我们的身体或头脑没有限制。当然，前世的死亡以及死亡后发生那些事的记忆，同时证实了意识连续存在着。以安德莉亚为例，脱离了老妇人的躯体后，她仍然可以观察那已死的身躯。

此外，安德莉亚也可以回想刚出生后的事件。婴儿或幼童的知感比我们所能了解的更敏锐。他们能够感知我们的情绪与意识，而且在出生前或出生后，他们也能感知我们所散发的关爱。这些关爱滋润他们的灵魂，也是他们健康发展的活酵素。

爱的能量弥漫生命

透过催眠回溯，安德莉亚了解到前世与胎儿期的事件深深影响到今生。她了解到我们跟所爱的人不断重逢。有时候我们重逢在另一个世界，有时候我们在未来的尘世相遇。

安德莉亚也有能力分辨生活中哪些价值重要，以及哪些价值不重要，甚至有危害。她了解到枪或暴力所造成的痛苦，而且每一次的生命都是珍贵的。

在大草原那一世死亡后，安德莉亚发现美丽的蓝色光锥。其实，当我们脱离肉身，总会遇到美丽饱满的光亮，这一情形本书随后仍有许多描述。这种遭遇经常发生在有濒死体验者身上，当然，亡者也一定会遇上。在光亮里，通常会有亲人、朋友或灵体等着迎接脱离肉体的旅者，并向他透露重要信息。

有关另一个世界的信息，以及超自然的灵异现象，本书后面的章节会有更详细的探讨。每个人都有直觉能力，比我们知道的还强。当你整合了本书的故事、经验以及练习，就能磨炼出直觉力，接收更为直接的信息。你们某些人将因此而成为治疗者。

爱的能量弥漫了安德莉亚整个回溯过程，父母的爱，她对弟弟的爱以及重逢后的爱。而且她事后告诉我，那个蓝色光锥让她觉得温暖、舒服，充满着爱。

安德莉亚从各个方面体验到的爱的能量，可以让她更开放、更彻底地在今生当中表达爱意。她也将更自在地接受别人的爱，因为爱是双向的，既给予又接受。

最后，安德莉亚的深刻回溯经验将带领她更了解生命与灵魂的本性。这样的了解是神圣的一步。而这一步将对目前的生命带来积极改变——更好的身体与健康的情绪，更健全的人际关系，更大的幸福与喜悦。

当你与书中人物分享经验，沉思大师们的信息，并反省书中的故事之时，我希望你能走出那一步，通向智慧。

开始的时候，障碍与挫折难免，你必须更有耐心、更冷静。了解过去的功课与欠债，你将想起今生的目标。你将学会克服恐惧、焦虑、悲伤，然后你的生活会更完整，你的快乐也更彻底。总之，你将理解我们共同拥有的东西。

我们是超越生死，超越时间、空间的存在。我们都是不朽的，永恒存在着。

第二章

回到今生

◆ 灵性大师导引 04

我们选择何时进入肉体状态，何时离开。我们知道何时降世的任务已完成……当你充分休息，灵魂重获能量，你就可以选择重新进入肉体状态。

我们诞生在现在的家庭里，不意外也不偶然。受孕之前，我们已经选好了环境，建构此生的计划。爱的灵体帮我们草拟计划，一旦照计划进行，有了肉体，他们会引导、保护我们。我们选择了某个人生剧情，命运是它的另一个名字。

有大量证据显示出生之前的计划阶段，我们已经看到此生的重要事件，也就是命运重点。这个临床证据是我与其他治疗师们收集的，因为许多患者在催眠、冥想或自发回想时，捕捉到出生前的记忆并说出这个经历，包括我们将遇见哪些关键人物，何时与灵魂伴侣重聚，以及事情发生在什么地方，也可能有某些似曾相识的感觉，也就是说，我们曾经历过某个时刻或某个地方，说明了我们在出生前已预先看到这些状况，只是记忆模糊。

每个人都是这样子。通常被收养的人常怀疑他们的生命计划是不是被弄乱了。当然没有。养父母也是自己的选择，就跟亲生父母一样。我们的命运之路里没有巧合。

虽然每个人都有生命计划，但是我们也有自由意志。在物质状态下，我们所做的选择会影响我们与别人的生活，但是命运的重点还是要发生，我们一定会遇到计划里所要见的人，也会碰上出生前所规划的机会与障碍。我们如何处理这些机遇，如何反应，以及如何做后续决定，都靠我们的自由意志。命运与自由意志是共存的，而且交互影响。它们是互补的，不是互相矛盾的。

接受我的回溯催眠的患者一致表示，受孕之际，灵魂会预订特定的身体，这时候别的灵魂不能来占用这个身体。在人还未出生之前，身体与灵魂的组合还不完全。这时候，胎儿的灵魂可以在身体里，也可以在身体外，所以**胎儿通常可以感知外界，甚至感知母亲所经历的事件**。

灵魂绝不会受到伤害，流产或堕胎也不会伤到灵魂。**如果怀孕不成，同样的灵魂会再进入同一对父母下一个孩子的身体**。

有一次，我演讲完超自然现象后，一名心理研究所的学生告诉我他妻子怀孕四个月时所做的梦。当时，他们还不知道胎儿的性别。当晚，还未出生的女儿栩栩如生地出现在他梦中，她说出自己的名字，描述上一个前世，并解释为何要选择他们当父母，而且也说明了她的因缘业报与此生的规划。他醒来后这个梦刻印在心里。他告诉妻子："我刚做了个非常怪异的梦……"他正要开始说，妻子打断了他。

“我也做了一个梦！”她几乎惊叫起来，“我梦见女儿……”同样的名字，同样的前世，同样的计划，同样的细节，同样的梦。

他们都很震惊。这对夫妻同步做梦，在梦中收到相同的信息，并互相证实。

五个多月后，一名美丽的女婴降生。

回溯治疗故事 02

美依：忆起出生前母亲的交代

美依是近六十岁的意大利妇人，对于出生前的子宫期事件，有很鲜活的回忆（后来被证实很准确），她对这件事感到相当惊讶。

美依从没被催眠过，也没有做过前世回溯。她很难接受这是真实的记忆，虽然整个细节与清晰度那么逼真。

“我是不太相信！”她说，“我看到自己在母亲子宫里，而她坐在桌子旁边。”

美依继续描述母亲在邦克区的公寓，非常详尽，特别是厨房。母亲跟姨妈坐着喝茶，吃着特制的意大利饼干，姨妈每逢圣诞节都要做这种饼干。美依有点惊讶，因为圣诞树已准备好了，而且全部装饰起来，可是距圣诞节还有两个星期。

母亲与姨妈的交谈突然严肃起来。

“她坐着喝茶。”美依说，“我看到她，还有姨妈……我当然是在子宫里……她对姨妈说：‘我快死了，没办法养这个女儿。’”

美依在子宫里看着，听她们讲话时，自己也有一些想法。这些她还记得：

“我对自己说真是奇怪。我母亲后来真的死了……那是圣诞节前一两周。母亲在 1 月 14 日去世，肺炎。”美依停顿一下，看来有点兴奋，“现在真想赶快回家，打电话问姨妈‘当时她坐着跟你说这些话了吗？’我确定她一定会想起来的，然后说我疯了，可是我真的看到她们在讲话……这件事我以前一直不知道。”

出生以后，美依就不曾回到姨妈住过的旧公寓。不过姨妈可以想得起到底说过什么话。即使姨妈已经八十岁了，但是美依说她再怎么小的事都记得。

两小时之后，美依回来报告。她找到姨妈，一切都获得证实。

“我打电话告诉她我想知道……有没有跟母亲在一起，就是圣诞树已经准备好，她们一起吃一盘饼干——”

姨妈插嘴说：“是谁告诉你的？”

“现在没办法解释，不过，请告诉我那一天的情形。”

姨妈说道：“我刚做好饼干，为你妈妈做的，她最爱吃这种。吃的时候，她总是摸着大肚子说‘这是喂我的‘小饼干’。”

“我的小名叫‘饼干’。”美依解释说，“每个人都叫我‘饼干’，因为我爱吃饼干。”

根据姨妈的描述，母亲吃完两片饼干后瞪着圣诞树说：“距圣诞节还有两星期。”

美依解释说：“她提早准备圣诞树，是因为我可能成为圣诞宝宝。”

母亲就坐在桌旁跟她妹妹讲：“我大概没办法活着看孩子长大。我知道她是女孩，我给她取名叫罗丝·美依。我知道……我知道我快死了。”

姨妈说：“讲这种话太好笑了！”

母亲继续说：“看这棵圣诞树，我不在的时候，拜托你每年帮我准备礼物，放在树下。”

怀孕期间，母亲一直很健康，实在没有理由有这种不祥的预感。

“你母亲只是有点鼻塞。”姨妈继续说，“圣诞节前，她因为肺炎倒下，你生出来时也有并发症。你母亲因为肺炎死了，却生下你，你活着。”

“到底是谁告诉你的？”姨妈要求知道。

“我想，在子宫里我看得到，也听得到。”美依承认，“现在我相信了。”姨妈的说法证实了她的记忆，也让她的情绪澎湃汹涌。

美依拿出许多不明白的事问姨妈，这才发现母亲的厨房与公寓，就跟她观察到的一样。

姨妈说，母亲要求女儿的名字要跟她一样叫美依，而且也依照嘱托，每年把礼物放在圣诞树下。

凡妮莎：转变了恐惧

凡妮莎是西班牙裔的年轻女子，日子一直过得很不顺。自从丈夫因病去世后，一直克服不了悲伤。我在一个大型工作坊里，从听众群里随机选中她作为催眠示范，五百多名观众期待着，她父亲也焦虑地看着。凡妮莎顺利进入了催眠状态。

整个催眠的重要部分就是凡妮莎回到母亲子宫里。在放松、精神集中的深沉状态中，她描述美丽、平静的亮光弥漫着她与整个子宫，供给她灵性的滋润，也补充母体的养分。她可以感觉到双亲的爱与欢迎。就在这时候，凡妮莎的脸部表情变了，从喜悦变成吃惊与敬畏。

“我感知到所有的事情。”她说，“子宫里面与外面……我知道很多……我看得到，感觉得到所有的事情！”

凡妮莎对于能够在子宫内深刻地感知到许多事，颇为惊讶。沉默的时候，她闭着的眼皮不断颤动。后来她告诉我，当时她正在观察很多事，而她出生前所观察到的场景细节，都得到父亲的证实。

“我可以看到前面……看到未来将发生的事件……它们都有目的，它们都不是偶然发生的。”她切换到更高的视点，说得很肯定。

当她看到光，体验到更强大的感知力，而且也察觉到自己的生命规划与命运，这时候，一直压迫她的悲伤开始松脱。透过子宫期的回想与经历，她对生命的恐惧开始转变了。

子宫期的记忆之所以重要，有许多理由，是因为它们可以促进患者临床症状的改善，这些症状因童年创伤或不良关系导致。此外，这些记忆也证明出生之前的意识不仅存在，而且很活跃，婴儿或胎儿的感知力比我们所知的还要强。他们能够感知、整合大量的信息，所以，我们应该重新思考如何与这些小生命互动。这些小生命非常敏锐，我们通过说话、思想、感觉所表达的关爱，他们都能机敏地感应。

工作坊的第二天，非常奇怪，相同的生命事件展现在众人之前。我同样随机挑选一名志愿者，示范快速引导的个人回溯催眠。

志愿者是安娜，缠身的疾病让她找不到生活乐趣。凡妮莎的故事没人跟她讲过。

迅速进入深沉状态的安娜也回到子宫期。她开始描述美丽的金白色亮光，也感知到母亲与自己体内、体外的事件。同时，她也明了为什么选择这对父母，以及灵魂要完成什么目标。

我很惊奇，因为我很少遇到两个相似个案连续出现。这是统计学上不太可能发生的事，真是令人惊讶。

所有的观众也目瞪口呆。只有安娜不知道，整个情况跟昨天凡妮莎的回溯几乎一模一样。

也许这个信息，观众有必要听两次，因为我们在此生发生的事，都不会是偶然的。我们都是神圣的存在，暂时在地球这个学校注册上课，而且为了提高学习效果，我们设计自己的课程。我们来自光，而且我们就是光，我们比想象中的自己更有智慧。我们必须记住这件事。

儿童的奇妙回想能力

◆ 灵性大师导引 05

有七个界……在我们重新回去之前，必须穿过这七界。其中一界是转换界。你在这里等待。在转换界里，你会决定要把什么带回下一世。

刚出生的时候，我们带着对真正家乡的无限记忆，离开了这个美丽家园，为的是重新进入物质界的身体。出生时，我们有极大的能力可以接受爱、给予爱，可以体验纯粹的欢乐，并完完全全体验当下的一切。我们还是婴儿的时候，不会对过去或未来感到烦恼，我们在当下里圆满俱足。我们很用心地体验物质界的一切。

在我们还是幼童时，心灵开始刮起风暴。我们被灌输进父母的、社会的、文化的、宗教的意见与价值，压制先天知识。胆敢抗拒，就会饱受恐惧、内疚、讥笑、批评、羞辱的威胁，而且被排挤，没人爱也没人理，甚至身体与精神的虐待就此发生了。

父母、老师、社会、文化教导我们的常是危险的虚假。整个社会就是证据，它不顾后果横冲直撞，奔向不可逆转的毁灭。如果我们接受，儿童们可以向我们显示出路在哪里。

曾有一个故事：母亲走进婴儿房时，发现四岁大的孩子在婴儿床四周徘徊。

“你必须告诉我有关天堂与上帝的事。”这孩子向婴儿弟弟哀求说，“我都快忘记了！”

是的，在他们忘记之前，我们应该多多向孩子学习。在这一生中，或是其他身世里，我们都曾经当过孩子。我们曾记住，但是又忘了。为了拯救自己、拯救世界，我们必须重新再想起来。我们要提起勇气，克服悲伤与绝望的洗脑。我们必须唤醒爱与欢乐的能力。我们必须再度成为真正的人类，恢复年幼的样子。

一名儿子已经二十岁的妇人告诉我，她孩子三岁时出现了奇怪的行为。当时家中的狗刚死，她打电话给兽医，请兽医安排狗的后事，孩子跟狗则留在房间里。

回到房里，她被眼前的景象吓了一跳。

“我进到房间，看到他把整只狗包裹起来……把它的脚也用急救绷带包起来，并涂上奶油。整只狗被他涂满奶油……从头涂到尾巴，把整只狗包起来……死狗……我说，‘老天，你在干什么？’”

儿子说：“妈咪，这样它进天堂更快。”

“我当时想，那一定是看电视，从‘芝麻街’学来的……”

“几年后我把这件事跟朋友提起，那时我还不知有前世这回事，她若无其事地啜着茶说，‘噢，他以前一定是埃及人……埃及人狗死了就是这么做的……’他前世是埃及人，把要埋葬的狗抹油裹绷带。”

第二天，朋友带来一本书，上面描述古埃及的埋葬程序。

“她让我看书上的图，我们家的狗正是被裹成那个样子，真是吓人。我问儿子这件事他还记得吗……他说记得。而且说狗刚死掉，他就知道该怎么做了……他必须照顾狗，因为狗的灵魂还在肉体之上。他只有三岁大就知道这种事，而且还真的去做。”

她总结道：“现在我相信他是埃及人，这样很好，因为我们是犹太人，文化交流是好事。”

卡利·威廉是一名作家，他讲了一件很玄奇的事情。纽约有一对两岁的男生双胞胎，他们的父亲是著名的医生。一天，他跟妻子听到双胞胎用很奇怪的语言交谈，讲得非常流利，不是一般孩子的简单发明，或是熟悉名词的重组合，而是父母从未听过的一种话。

他们把孩子带到哥伦比亚大学的语言学系，一名古代语言学教授辨认出他们说的是阿拉姆语（Aramaic)。阿拉姆语是几乎消失的语言，叙利亚某个偏远地区才有人说这种话。这种古代的闪族语言，大约是耶稣时代巴勒斯坦一带的人所使用的。

一个人不可能从有线电视的深夜节目学到这种古语，特别是在纽约。但是，从前世的记忆库里就可能恢复这个能力，儿童更是特别擅长。

例如，你可以问家里的小朋友还记不记得曾是“大人”的时候做了什么。注意听他们的回答，因为那可能比丰富的想象力更有内涵。你的孩子说不定讲出了前世的种种细节。

观察孩子在游玩时的自发动作与欢乐会有很大收获。我们很多人已经忘记如何欢笑，或是享受生活中的简单乐趣。我们对于成功与失败，带给别人什么印象，以及未来的烦恼实在太执着了，早忘了如何玩，如何取乐。孩子会提醒我们。

他们提醒我们生命最早期的价值，即在此时此刻的专心、信任以及良好关系的价值，这些真的很重要。孩子们有太多东西要教我们。

业报与功课

◆ 灵性大师导引 06

有债必须还。如果不还，就会带入另外一世……目的是妥善处理这一切。还完债你才会进步。有些灵魂的进步更快。如果有事阻碍你还债，这时你必须回到回忆界，在那里等待，等待你欠债的那个人来看你。只有你们同时以肉体形式重返尘世，你才被允许回去。但是你可以决定何时回来，只有还完债，你才能做这个决定。会有很多世……实践诺言以及还完所有的债。

还有其他许多“界”我尚未被告知，但“有债必须还”这一界，让人想起“业报”这一概念。业报是一种学习机会，让我们练习爱与原谅。业报同时也是弥补的机会，抹去不良操行记录，也补偿我们过去的错误或我们伤害过的人。

这并不是东方才有这个观念，这是世界性的思想，各大宗教都曾提到过。圣经上说：“人种的是什么，收的也是什么。”每个想法、每项行动都会带来某种结果，我们要为自己的行为负责。

业报是一种学习，不是惩罚，这一点相当重要，必须记住。我们的父母以及与我们互动的其他人都有自由意志。他们会爱我们、帮助我们，也可能恨我们、伤害我们。他们的选择不是你的业报，而是他们自由意志的展现。他们也在学习之中。

有时候，灵魂选择特别具有挑战性的一生，为的是加速灵性发展。或者有些灵魂以爱的行动帮助、引导、照顾别人，他们某一世的日子非常艰难，艰难的生活不是惩罚而是机会。

我们改变肤色、宗教、性别或经济能力，因为我们必须从各个方面学习。我们经历每一件事，业报就是最后的裁判。在我们的学习中，不会有什么被忽视或遗漏的。

慈悲可以替代业报。慈悲是一种神圣的介入。一只关爱的手从天堂伸下来帮助我们，缓和我们的负担与苦难。一旦我们做完功课，就不必再继续受苦，即使业债仍未偿还清楚，这一切已无所谓了。

我们在人世是要学习的，不是去受苦。

回溯治疗故事 03

精神科医师库伯罗斯：领悟到爱必须平衡

伊丽莎白·库伯罗斯（Elisabeth Kübier-Ross）是国际知名的精神科医师兼作家，她是死亡学与濒死经验的研究先驱。她的研究改变了世人看待死亡的态度，她告诉我如下的故事：

我出生时是三胞胎之一，体重太轻，医生对我的母亲说，至少两名存活不了。但我母亲是特别勇敢、坚强的女人，她大方地给予任何人任何东西，不求回报，是一名无私奉献的人。她发誓要让三个女儿活下来。母亲作为保姆兼护士照顾了我们一年。她尽可能跟小女儿躺在床上，保持孩子的正常体温，犹如现代的早产儿保育箱。孩子活了下来，而且长大了。

我在芝加哥大学任教，回瑞士老家探望母亲，想不到母亲提出一个不寻常的请求。

"伊莎贝，如果我成为植物人，希望你能给点什么让我脱离苦海。"

"我不能这么做。"我不假思索地回答。

"你可以的！"母亲坚持，"孩子里只有你是医生。你可以给我什么的。"

"不行，我不能这么做！"我回答，"而且你人那么好，身体又健康，可以健行、爬山。你一定会长命百岁，健康又长寿。"我扳着手指，拒绝再讨论这件协助自杀的事，并回到芝加哥。

一个多月后，母亲突然严重中风，全身几乎瘫痪。虽然她的心智仍然完整，但这位坚强、独立的女士，生活起居都必须靠别人的协助。

从这件事，我了解到必须倾听别人的预感。

我母亲四年之后去世，身体功能一直没有好转。

我对上帝很恼火。

尽管愤怒仍在，我还是照顾垂死的儿童，进行不凡的研究，我的精神领域不断扩大。这时候我开始冥想。

母亲去世没多久的某一天，冥想的时候，我被内在的强烈声音或信息“摇醒”。

“为什么那么气我？”那个声音问。

我在内心回答说：“因为你让我母亲受那么多苦。她是个美丽的、关心别人的人，一辈子没拿过别人什么，而是不断付出。你让她受了四年苦才死去！”

“那正是给你母亲的礼物。”声音轻柔地答道，“一个慈悲的礼物。爱必须平衡，如果没有人要接受爱，又该怎么给？你母亲只用了四年就学到这个功课，而不是重新回来一次或好几世，她以残缺不全的身体学习如何接受别人的爱。她已学习过了，可以更进一步学习新东西。”

听到这里，库伯罗斯领悟了信息，她放下愤怒。理解可以迅速治疗最深的悲痛。

相同的前世记忆

一名母亲与正值青少年阶段的女儿一起参加我的团体回溯工作坊，她们的情绪困扰全都被克服了。团体练习结束后的休息时间里，她们互相讨论自己的回忆与反应，并惊讶地发现，好几个前世她们都在一起，而且发生过暴力行为。

“女儿跟我今天在这里。”女儿因为太震惊已说不出话来，所以由母亲向大家报告，“我非常肯定我们的前世回想有些片断是相同的一世。她告诉我，她不断经历……她觉得是……被牛冲撞……或是有牛角的男人……她看得到牛角，不断被撞、被撞……”

母亲继续提她的经历，“女儿提到这件事时，我好像听到牛的撞击，开始晕眩。我的前世好像是维京人，我头上好像有皮，有东西，很重的东西，像是牛角……我进入山洞或茅屋，小孩子走来，我用剑杀了他。很大的恐惧，也很暗……我女儿说她也很害怕……在冥想里，她的身体受到伤害，是剑杀伤的！”

她补充说：“真的……很清楚……很难说明白……比我所想的更难。”母女两人分享了相同的前世，彼此有很大的情绪反应。

我对她们说，如果真的有相同的前世记忆，而且也死过了，那么如今又相逢，健康地在一起，就不必有罪恶感或愤怒，要去爱与宽恕。她们对前世记忆的分享，证明了没有死亡，只有生命。

“治疗！”我告诉她们，“不只是回想，不只是宣泄，同时也领会到死亡。一旦领会它的密度，你就会了解根本没有死亡，我们只是离开身体，就像走过一道门。你只是再度回来和好或补偿，你不必觉得罪恶——”

她插嘴说：“没有，我没有罪恶感……有件事我常告诉女儿，那就是我喜欢她的刚烈，即使在她还是小孩的时候。这让我印象特别深刻，现在我们常拿这件事互开玩笑，然后她会说，‘我以前被杀过！’现在我们的感情更好，而且今天这件事让我们觉得……非常有力量！”

第三章

在关系中学会爱

◆ 灵性大师导引 07

这些都是不同的学习层次，我们必须以肉体的形式，学习其中某些东西。我们必定会痛苦。灵体的时候，你感受不到痛苦，那是一个复苏阶段，你的灵魂正在重新修复。当我们以肉体状态处在物质界时，会感觉到痛苦，会被伤害。灵魂感受不到这些，只有快乐、圆满的幸福感。不过，对我们来说……这只是一个更新阶段。人与灵体的互动是不一样的。当你处于物质界……你会体验到关系。

出生在物质界之后，我们主要的学习来源就是通过关系与别人互动，而带来欢乐与痛苦。我们走在灵性的道路上，为的是从各个方面学习爱。关系是活生生的实验室，可以检测我们在做什么，有没有学习到功课，并借此测量我们偏离“生前”的规划多远。在关系中，我们的感情被唤醒，我们也在关系中做反应。面对暴力，我们是奉送另一面脸颊，还是报复回去？我们用爱、理解、同情接触他人，还是用恐惧、自私、抗拒？如果不在人的关系中，我们不知道会出现什么行为，也无法验收进展。关系是奇妙难得的学习机会。

我们来到物质界，为的是学习与成长。我们学习各种特质，像是爱、非暴力、同情、仁慈、信心、希望、原谅、理解、觉悟。同时我们要抛去负面特质，比如恐惧、愤怒、怀恨、暴力、贪婪、骄傲、色欲、自私、偏见。

通过关系，我们才能学到爱的功课。

爱的能量

障碍愈多，学习也愈多。人生的棘手关系充满障碍与挫败，但却是灵魂成长的最大良机。也许你选择的是困顿的一生，借此让灵性迅速成长。

有时候负面的事件，像是失去工作，可能会打开另一扇良机之门。我们不必伤悲得太早，还需要多一点时间，才能织出锦绣之毯。

在这个世界里，除了痛苦与艰难，还有爱与欢颜。我们是在共同体里与其他人在同一路径学习相同的功课——爱。爱不是智力的发展，而是一种动态的能量流，不论我们是否感觉得到，它随时穿透我们。我们必须学习接受爱以及给予爱。只有在这个共同体内，在这个关系中，只有通过付出，我们才能理解无所不在的“爱的能量”。

多年来，我治疗过无数关系不良的夫妇与家庭，其中有些人，我采用回溯疗法。我常发现今生的冲突通常肇因于前世，有些人必须学会更好的沟通技巧，或是更深入地理解他人；有些人则必须修正价值观或做事的轻重缓急；还有人需要学习跳出窠臼，改变自己。不管有什么需求，我们都要花些时间才能澄清自己。

只要真诚地去尝试，成长与关系的改善才可能发生。我对病人施用的技巧与建议，都是以生命作为更深入的灵性了解的基础，这比传统的心理治疗更有效。

由于关系是成长的土壤，我将提供一些想法、建议、技巧，希望对你的关系有帮助，特别是如果你有这方面的问题。

这些想法是我在哥伦比亚美塞顿城山麓小丘冥想时出现的。我非常珍惜它们，因为我感觉得到大师就在左右，因此，我几乎没有修改这些忠告。有些人认为那是说教，或觉得不好懂，其实那只是我接收到的巨大能量。这个信息能量充满爱与疗效。我把这些原则用于需要改善关系的患者身上，真的妙用无穷。

我将以简洁清晰的方式，把这些观点重现出来。这不是用来快速阅读的，你必须花点时间思考或冥想，运用在你身上，或是让你心神不宁的关系人身上。你最好把这些观点的反省写在日记上。

不必急，因为没有时间表，也不会有考试，而且这也不是你跟伙伴的竞争，不论伙伴是你的爱人、父母、子女、朋友或是与你有任何关系的人。

希望你能更自由、没有恐惧地去爱别人。

提升觉知力

◆ 灵性大师导引 08

我所透露的，就是我关心并认为重要的。每个人必须关心自己……让自己……整合。我们有功课要学……每个人都有自己的功课。一次学习一个……照秩序。只有这样我们才知道身畔那个人的需求，以及为了整体，他或我缺少什么。

了解真实的自我就是了解不朽，这个了解帮助你用适当的视角看事情。

认识自己，这样你才能看得更清楚，不致扭曲意识或潜意识。练习冥想与观想，用平静的知觉观察，去感受爱与仁慈的超越感。

了解你的想法与假设，并体认到你可能已经把这一切囫囵吞下。当你把一切概括化，就不再找寻独特的个体。依照过去的经验所做的错误假设，像是“男人鲁莽、感情迟钝”，“女人太敏感，感情用事”，都将扭曲事实。经验比信念更强烈，从你的经验中学习，帮助而不伤害才有价值，抛弃过时的信念与想法。

快乐来自内在，不依赖外在事物或别人。如果你的快乐与安全感，依靠别人的行为或动作，就很容易受到伤害。绝对不要外放你的力量。

不要被事物所惑。在三度空间的世界里，我们通过关系而学习，不是通过事物。大家都知道，离开此世之时，我们什么东西也带不走。

死亡时，我们的灵魂进入更高境界，可以带走的是我们的行为、事迹、想法、知识。**我们如何在关系中对待别人，比累积财物更重要。我们此生的财物有得有失。你不会在来世重获这些曾经珍爱的财物，但是会与所爱的人重逢。**

这些观念可以帮助你重新思考你的价值观。

灵魂没有性别与荷尔蒙

约翰·格瑞（John Gray）写的《男人来自火星，女人来自金星》（Men Are From Mars，Women Are From Venus），在许多国家畅销了好多年。无数的出版品、电影、电视节目不断强调男女间无法克服的差异性。巨大的鸿沟划分了男女，而我们也这样想、这样认为，我们不再以相同的方式看世界。睾丸激素是男性荷尔蒙，让男性倾向侵略、竞争而不是合作。雌激素与黄体酮是女性荷尔蒙，强化女人的感性与沟通，而不是竞争，也比较不具侵略性，反而有更多的保护性。

男孩与女孩被抚养长大时，就有天生的不对等，再加上生物之墙的阻隔，男女之别的裂缝越来越大。这是无可奈何的事实，现在我们知道了，接下来该怎么办？

当然，培养男孩的时候，应该更关照他们的敏感性，也应该教他们多合作，让他们学习沟通的技巧。女孩则教育她们更有自信、更果决。总之，培养男孩的方式要比培养女孩做更大幅度的修改，因为现代席卷全世界的暴力问题，几乎都是男人造成的。

那么，天生的生物性差异又该怎么办？我们可能改变生物学上的影响吗？该如何对付睾丸激素？这里有个隐喻。

荷尔蒙与某些遗传因素让男人脸上长毛，然而这意味胡子是无可避免的吗？所有的男人必须留着长胡子走来走去吗？

答案当然是“未必”，男人可以选择刮胡子。任何男人都可以自己决定要不要刮。

生物的影响力只是倾向，可以被人的意志克服。睾丸激素与其他荷尔蒙只能促动，不是迫动。就像男人可以选择刮胡子，他们也能选择不用暴力，较少攻击性，并多多合作沟通，感性一点。男人的意识可以决定选择关爱的路径，而不是走上暴力之路。

这样的选择就是走出另一步，重新唤醒灵性，也就是我们都是灵体、灵魂，不是头脑与身体。灵魂没有性别、荷尔蒙，也没有生物学倾向。灵魂是纯粹的、关爱的能量。

觉察到灵的本性，我们就能认识自己的本质。我们是不朽的、神圣的。有了这些认识，我们就容易放下暴力、怨恨、支配、自私以及对人与物的占有。接纳爱、同情、仁爱、希望、信心、合作，并让这些成为我们该做的自然的事。

在每一个前世选修学分

有些人在不同的前世里转换性别，虽然我相信我们倾向扮演单一性别，一直是男人或一直是女人。但是就像大学校园里的学生会选修不同科目，我们也会选修不同性别的学分。我们必须从各方面学习。贫或富，坚强或软弱，佛教徒、基督徒、犹太教徒、印度教徒或是其他宗教，选择不同种族，还有成为男人或女人。

我们学习克服负面的生物倾向，为的是完整显示我们的灵性。

我们在同一理由下，学习克服任何负面的社会文化教导。

虽然我们走在同一路径上，但是大家脚程不一，有的人比较落后。所以，超前者的工作是以同情与爱往后伸出援手，帮助落后者。往后伸出援手是不求回报、不求谢意的。要往后伸出援手，因为这是责任。

爱你自己，不必担心别人的看法。如果你想拒绝别人的好意，就直说吧！如果不说，是会招来怨怒的。当然，如果有人强迫你，你也会愤恨难消，所以该说不的时候最好说不。如果你乐意去做什么事，那就说“是”吧！当你不去拒绝不想做的事，通常会引来身体病痛，真的有许多可让人“接受”的方式说“不”。如果你不拒绝，身体就会拒绝你。我曾看到T恤上印着一行字，很幽默地说：“压力是你的心说不，但你的嘴却张开说是。”

投射是一种心理上的行动，你把否认的恐惧与潜意识动机投给别人。小心，不要把你隐藏的感情或是无中生有的动机、意图投射到别人身上。这种对真相的扭曲害人害己。

例如，你害怕被遗弃，而且自尊心低，那么当你的约会对象没有出现在订好位的餐厅，你也许会想：“他根本不关心我，一定有什么人比我重要，所以才让我空等。”实际上，他可能只是被塞在路上而已。

必须去了解重复类型的本质与影响力，不论那是童年或前世的经历。如果不去了解，某些行为类型就会不断重复，对你的关系会造成不必要的损伤。

我在前一本书里，描述了如何辨认这些重复的类型，以及如何区别那是前世或今生造成的。我们在本书第二章提到的安德莉亚，她母亲对新生儿子的疾病反应，就是前世类型（对失去的反应）

重复出现在今生。另外，酗酒、滥用药物的类型通常已经出现在好几个前世里。

在关系中，比如药与酒，支配、操控、虐待等旧的类型有可能再度出现，并带来负面影响。

对等的灵魂

有时候回溯到童年或是前世有可能寻出关系障碍的根源。有时候，这个根源不深，只发生在今生，有心的话并不难解决。

最重要的生命课题就是学习独立、了解自己。这意味着从依附中独立，从结果、意见、预期里独立。打破依附才有自由，但是打破依附并不是丢弃关爱与有意义的关系，因为这样的关系曾滋养你的灵魂。那只是意味着结束对任何人任何事物的依赖。爱不是依赖。爱是绝对的、无条件的、没有时间性的，爱不求回报。

看清楚别人，不必把他放在尊崇的位置上。父母、老师、权威人物跟你一样也是人。他们有自己的恐惧、疑惑、焦虑、缺陷。他们都有自己该做的事，有时候，你只是他们生命棋局中的棋子。把他们一视同仁，就像你的兄弟姊妹。多考虑他们的意见，因为他们可能更有道理，可能是对的。不过，他们也可能错了。

工作坊里，我常讲一个故事：一名患者的父亲是冷漠、有距离而威严的人。他是法官，要求自己高高在上。不仅在法庭如此，在家对妻子、儿女也是这样子。他从不拥抱女儿，也不对女儿说他爱她。

法官辞世后，女儿觉得与父亲的关系还未完成与解决，但是她看不清楚父亲，因为他的地位太崇高了。

有一天，在深沉的放松状态里，她观想自己在美丽的花园里。突然父亲出现在面前，比去世之时更年轻健康。

“把我想成是你哥哥。”他亲切地引导。

这句话改变了他们整个关系。女儿现在把父亲视为对等的人，不再高高在上。她可以更清楚地同时看到他的优点、缺点，她理解了他，也原谅了他。

高高在上的假位置消失了，女儿因投射所造成的真实扭曲，再也没有作用了。爱与宽恕填满了空缺。

爱与了解的提升

◆ 灵性大师导引 09

当你看着别人的眼睛，你会看到你的灵魂正回看着你。然后你知道了，你进入另外一个意识层次。

关系需要被照顾、被注意，它比电视、报纸、杂志重要。不要分心，请把电视关掉，放下报纸，尊重另外一人。

任何事都不要视为理所当然，不要用你的老套，而用爱的行动重塑关系。关系就是当下的生活。

让灵魂以领会与理解进入关系，这是一种更精纯的冶炼过程：灵魂 / 右脑与自我 / 左脑的和谐一致。充满灵魂的关系为我们的生活带来喜悦。

不退缩，彻底去爱是很安全的。你不会真正遭人拒绝。唯有在自我介入时，我们才鼻青脸肿，才容易受伤。对许多人来说，毫无保留地彻底去爱似乎很冒险。我的意思并不是要大家在关系中取消自我，或者让虐待关系再延续，这样做不是爱自己或爱别人。待在毁灭性的关系里并不是勇于爱人的表现，它可能是自卑或缺乏自爱。人有危险性，但是爱没有。

以爱、同情帮助别人，但不求回报。助人多寡并不重要，重要的是你的关怀。有时候医生以同情与医治的心接触病人，结果医生的收获比病人还多。我们每个人都是灵魂的医生。

用心，真正用心而不是用头脑。疑惑时，选择用心。并不是说你必须否定多年学习来的经验，而是你要信任自己，整合直觉与经验。心与脑是一种平衡，是相互滋润的和谐。当直觉的铃声清楚响起，爱的力量就被鼓动。

剥夺别人的欢乐是罪恶

倾听直觉、内在的声音，越常练习或是越有“感觉”，声音就会越准确清晰。

你可以信任爱，个别的决定可能有害，但是爱不会。当我们掌握更大的图像，并去欣赏它，爱人的意图就更明显。你的孩子可能不了解打一针抗生素是爱的表现。你关心孩子，为了不让他受疾病侵害，你毫无保留地要保护他。在孩子幼小的心灵里，打针是会痛的伤害行动。更复杂的状况可能是，你必须送走某个所爱的人，因为你们的关系是毁灭性的。他可能存有药瘾问题，为了安全起见他必须入院治疗，而这违反他的意愿。这只是例子，说明了在判断别人的决定或行为之前，必须掌握更大的整体图像。

就跟许多男人一样，我觉得浪漫的表达必须要隆重一点，像是珠宝、鲜花、烛光晚餐等等。不过我学习到有时候小小的礼物能代表最重的情意。

多年前，我是康乃迪克的驻院精神医师。我的儿子约旦正东倒西歪地学步，妻子卡洛有个兼职工作。我在医院通常都工作到很晚才回家。一个特别炎热的夏夜，我大约十一点离开医院，突然心血来潮，停下来买了两杯冰淇淋回家，一杯给我，一杯要给卡洛。

卡洛与我一直没机会讲话，我也不知道她的日子过得辛苦，工作与家庭一样辛苦。我们坐下来吃冰淇淋，分享宁静之夜。她告诉我，我会想到她，并带杯冰淇淋，这一直是她难忘的爱的回忆。

帮助另一半完成生命的计划与目标，关系中的安全感来自当下与爱的行动。

你要结束依赖，不要因为要使别人依赖你而拿走自尊、金钱、自信。我们不会离开真爱关系，除非人不自觉。

卡洛家里有一句传家格言：**最大的罪恶是拿走别人的灵魂**。确实，生活里我们的快乐有时候会毁于别人的批评。

愤怒无常，爱恒常

底下我提供一些小秘方，让你以更大的同情、更少的批评态度做沟通。越常去练习就越能改善关系。

例如，角色转换可以更精细，进入更深层的放松与精神集中状态，把你自己抛投到别人的心里。尽力成为他，了解他的反应、恐惧、希望与欢乐，整个过程所需的时间由你而定，不必事先设限。

使用正面的口头信息，多牵手，称赞要发自内心。所有的人都需要接收到爱，也需要给出爱。

以不批评、不审判、不伤害的方式沟通，彼此沟通爱、关怀、同情。不要争输赢或相互伤害。

把挡路的自我与傲气放在一边，以超然、全盘的观点仔细倾听。把你们分享彼此的地方当成圣殿，这样你们讲起话来更有安全感。

用倾听、理解取代多言。不因愤怒或其他情绪而分心。生气时不要讲话、不要有动作。语言的效果与力量很强，不容易被遗忘，请不要在酒精或药物刺激下讲话。愤怒与怨恨下的话语产生的伤痛很难抹消。

赢得争论反而是输家，促进爱、理解、合作才是真正的赢家。如果你激起负面情绪——恐惧、愤怒、内疚、羞愧、悲伤、焦虑、烦恼、恨意，你们两人是双输局面。

放下愤怒不容易。我们觉得自己的公理与正义受到考验，我们的完整与荣誉被推到边缘。我们在所谓人性的伟大学校里所接受的唯一考试就是有没有学到卸除愤怒拥抱爱。抓住愤怒不放，会毒化我们的关系。继续去爱，即使别人仍然在生气、伤痛、恐惧中。爱才恒常，愤怒无常。

找出造成愤怒的成因后，改变状况，然后放下。要多久才能放下呢？五天、三天、一天，或是一小时？如果你一直需要五天才能放下，为什么不改成一小时呢？你办得到的。

提早放下怒气

几年前，我在诊所里治疗一对夫妇。他们很有智慧，平常关系也相当好。但是美好时光也常因为突然的情绪性争论引发愤怒与伤害的感觉。他们让愤怒持续好几天，凄惨痛苦，很不舒服，但是傲气阻挡他们停止相互折磨的意愿。

有一次，他们到我的办公室时，已经整整针锋相对了七天。为了一件鸡毛蒜皮的小事，他们让愤怒到了沸腾点。

经过 30 分钟的治疗，问题解决了，愤怒即将云消雾散。跟往常一样，傲气与受伤的感觉拖长了争端，妨碍了提早解决的可能。

针对他们这种情况，我用了新方法。

“你们的争吵总是会结束，只是早晚的问题。”我指出重点说，“通常要多久气才会消？”

“嗯，通常是五六天。”丈夫说，妻子也点头。

“你觉得三天行吗？”我问，“你们仍然有许多时间去争吵、解决事情。如果五天可以，为什么三天不可以？最后你们不是都会结束争吵？”

他们想了一会儿，然后点头赞同。没错，他们可以吵三天，而不是五六天。

“既然这样……”我继续说，“如果你们可以三天后和好，为什么不一天呢？”

他们考虑了这个提议，再次同意。一天就够了。

“如果这样……”我再说，“六个小时怎么样？够不够。反正，你们一天内就能和好，为什么不六小时呢？请想一下，你们的痛苦不是会减少很多吗？只要六小时就好。”

再一次，他们觉得有道理，也同意了。

我继续缩短他们调解的时间，最后讨价还价到一或两个小时。他们也看出造成争吵的最初原因与愤怒情绪，他们愿意协商和解，并且以同理心了解另一半的感觉，他们愿意在一小时内解决所有的问题。

缩减争吵—愤怒—解决的过程，对这对夫妻有效。因为他们早就知道，争吵迟早会结束。现在，不必痛苦五六天，不愉快只剩短暂的时间。

关系是活的，不断在改变

每个人都可以压缩愤怒的时间，早一点找出问题，快速去解决。最后我们总是会放下怒气，为什么要让愤怒无止境地折磨人呢？

宽恕过去，一切早已结束。从过去中学习，然后放下，改变与成长就此开始。不要死抱住某人过去的负面形象，看他的现在。你们的关系是活的，不断在改变之中。

从现在开始主动去关爱别人，不要为过去没有爱人而悲伤、懊悔。过去的已经过去，就从现在开始吧！表达爱与同情永远不会太迟。

我在 1996 年访问巴西时，一名女士非常难过地对我说：

“回顾过去养育长子的方式，我觉得很糟糕，我太严厉、太霸道了。当时我非常年轻、不成熟，我是用母亲养我的方法养他。我希望一切能重新来过！”

我说：“现在开始爱他吧！用你希望在他小时候用的方式去爱。”

我在1997年重游巴西，又遇到这名女士。她对自己的进步很高兴。经常性的冥想对她很有帮助，不仅避免了因内疚而引起的感情麻痹，也让她跟儿子更亲近。她付出所有的爱与关心全力支持儿子。

你也要经常观想。观想你与伙伴间的鸿沟渐渐弥合，而且你们都注满美丽的能量。你们并不是漂流中逐渐分离的冰山，而是交融在一起的水。观想、感觉这个交融，送出你的光与爱。在某种层次上，他可以接收到的，我们都能互相交流。

母亲有没有转世

卡洛跟我曾在一年内指导好几个密集训练课程。在某一个班次里，卡洛引导一名男士发现爱的本质。

卡洛写道：

常有人问我，在前世里有没有遇到布莱恩。我曾因有一些问题而接受回溯催眠，但是我并没有特别注意前世里有没有他，因为除了好奇外别无其他理由。对我来说，这根本不重要，我们之间平常就可以感受到很深的爱意。不过我想这可能是很多人要做回溯催眠的原因，**他们想知道现在生命里某个重要的人是否前世就已认识**。亚瑟就是这样一个人。

在专业训练课的第二天，我刚做完自我介绍。六十多岁的亚瑟走过来问我能不能帮他个忙，因为那是他来参加训练的原因。我告诉他，第一件要做的事就是未来几天里参加团体活动，看看有什么进展。我希望他能在团体与个人的互动中找到所要的答案。

第四天，亚瑟来找我，说他与其他人互动时仍然有些问题困扰着他。于是在布莱恩带领大型的团体练习时，亚瑟与我进入另一个房间，我们开始一对一的催眠。

我问亚瑟，他想完成什么。他敬爱的母亲去世有一阵子了，他有四个孩子，每一个他都很喜欢，但亚瑟更爱其中一个孙女。他很想知道这个小孙女是不是母亲的转世。

我们决定回溯，看看潜意识能不能带他进入曾与母亲相处的前世。亚瑟也告诉我，催眠里观看到的东西会模糊，而这就是他之前所提的困扰问题。

在不是很长的引导下，我们回到过去。亚瑟发现自己在1800年的英格兰。他是小男孩，站在外面。他看得到家人住的房子。我引导他进入屋内。他知道父母亲在里面，但看不清他们。他也知道应该有兄弟姊妹，但是仍然看不清楚。

于是我们继续往前，亚瑟进入寄宿学校。现在他可以看到有妹妹也有弟弟，但是父母的样子依然模模糊糊。亚瑟的生活很顺，求学生涯也很快乐。他认出来了，**妹妹是今生的母亲**，他特别兴奋。同时他也觉得弟弟应该是今生的儿子。

长大后，他当上律师。我们继续前进来到他的大喜之日。

尽管看到的影像依旧朦胧不清，亚瑟还是知道很多细节。他看到妹妹与弟弟都来参加婚礼，父母亲也在场，但仍然看不清他们的脸。

婚礼很愉快，不过亚瑟解释说，与新娘结婚并不是因为自己爱上她，而是奉父母之命。因为女方从小与他一块长大，双方父母硬要把他们凑成一对。亚瑟没什么意见，他与她是老朋友。后来他们生了几个儿女，亚瑟也成为事业有成的律师。

不断转世的是爱

我们前进到死亡降临的那一天，亚瑟看到自己的衰老，家人、妻子、儿女围绕在身旁，这辈子平安顺利。他说，婚姻变化成爱情，他深深钟爱妻子，全家人也非常快乐，这辈子他找不到冲突或创伤。现在这名老人在亲人的环绕下，即将步入生命的终点。

然后亚瑟说，他进入“你们称为‘龙卷风’的状态”，也进入了另一个空间。亚瑟在这里见到了他所爱的人，亲人与友人都在等他。他看得到大家，但是现在还不能重聚，要先有人带领他回顾这一生。带领的人让他回顾一生，要他了解这一生的主题与该学的功课。亚瑟想了一下，然后解释说：“**生命不必轰轰烈烈或多彩多姿，也能体验到爱与满足，同时也能把爱给予他人。**”亚瑟说，带领的人对这个答案似乎很满意。

他终于与亲友团聚，感觉非常幸福、温馨。他认出一些人：弟弟在，但父母亲不在。很有趣，亚瑟这一世的父母似乎不太明确，因为看起来总是很模糊。

我问他有没有看到妹妹。他的眼睛在眼皮下不断转动，说："没有，她不在。"接着，他的脸突然亮起来，说："太好了，她就要来了，现在我可以看到她了。没错，没错。她是我们的一分子，她跟我们在一起。"

给了亚瑟一些时间玩味喜悦之后，我问他怎么回事。他说："我们在等待，等待。只是等待什么时候再回去，再度转世。"

我问他还有谁在旁边，他说是大师们。他们正在帮他规划下一世要做什么。很有趣，他说，**大师们只给忠告，但是要问才有。他们不会一定要你做什么。**

我探问说，能不能请教一些亚瑟今生的问题。他停顿一会儿说："可以的，可以的。"我建议他问今生的孙女是不是跟他所敬爱的母亲是同一个灵魂。

亚瑟静默好一阵子，最后说："他们回答了，说：'你爱母亲吗？'我说：'是的，非常爱。'他们又问：'你爱孙女吗？'我说：'没错，我非常非常爱她。'结果大师们答道：'有什么差别吗？难道你那么在乎孙女是不是母亲吗？'于是我说：'没有，没那么严重。我可以从她们那里感受到爱。我真正在乎的是这个，爱就是爱。'他们对我的回答很满意。"

回溯完之后，亚瑟满意极了。他不再索求什么了。

重逢是一种惊喜

我们的灵魂存在于爱的能量流里。我们跟所爱的人从未分离过，虽然我们觉得离别、失去爱。我们的重逢是一种惊喜，而且是出乎预料的惊喜。

回溯治疗故事04

丹妮：找寻灵魂伴侣

丹妮是我的病人，三十多岁的迷人女士，一头短棕发，淡褐的眼睛，虽然身材娇小，性格却很强烈。身为大医院急诊室的护理长，她每天必须做出许多生死攸关的决定，她驾轻就熟，指挥一群护士与技师。

前一阵子，丹妮为自己虚掷芳华，三十五岁了还没有结婚而懊恼不已。因为她太好强，跟她约会过的男人都觉得很不舒服，全被吓跑了。尽管如此，仍然有男人向她求婚，但丹妮觉得还不到成家之时，除非找到真爱与热情，否则宁可不结婚。她在找寻灵魂伴侣，可是这位伴侣迄今仍未出现。结果，她隐隐约约地觉得歉疚，觉得没有资格去找寻爱与快乐。

在鲜明的前世回溯里，丹妮生于几百年前北美印第安战争的年代。她是垦荒移民，一名带着学步幼子的年轻妈妈。她的丈夫失踪了，小木屋正被印第安战士团团围住。她跟小儿子躲在地板下的秘密隔间里。

"儿子差不多一岁半，黑发棕眼，真可爱！"她说。她在描述场景与幼子时，我已经感觉到风雨欲来的悲剧。

"他右肩下有一个胎记……形状像是半圆的月亮或是一把弯刀。"她继续说，"我留着长发，黑色的，穿的衣服很朴素。"

我带她回到她躲藏的地方，不一会儿，她开始啜泣。我引导她飘浮在场景上面，脱离并观察整个景象，就像在看电影。这样我才能帮助她控制情绪，让她继续描述前世的情形。

“我必须躲起来，否则他们会杀掉我们。我们早有安排……但是孩子哭了……他一直哭。我必须用手捂住他的嘴……他就是哭个不停！”她流下泪水。

“他……死了……我杀了他。我不是故意……他不停地哭。天哪，天哪……我做了什么啊！”

印第安人没有发现她，但是她的整个下半辈子饱受痛苦、愧疚的折磨，她无法原谅自己。

这个妈妈后来又生了两个孩子，孩子也为她生了孙子，儿孙们齐聚在她临终的床旁，她即将结束悲剧的一生。这辈子，她一直是很照顾子孙的好妈妈、好祖母，借此减轻内疚、愧恨与自我惩罚。

她死了，飘浮在肉体之上，进入美丽的金色光环里。在光环里，她见到了早先去世的亲人，包括丈夫与父母，但是儿子不在这里。

她觉得无比宁静。金光里飘来悦耳的音乐，她无法用适当的言语去形容。

“光与音乐太美了，没办法……没办法用语言文字解释，就像回家。大家在迎接我，我回家了。”

她觉得离开儿女与孙子，内心悲伤刺痛，但是发现光与音乐却又满心欢喜，十分感动。

“他们不了解，虽然离开身体，我并没有死。我仍然感觉得到，仍然有意识。‘死’是不对的字，我并没有真正死去，只是他们不知道。”

爱不必证明

她说的没错，我们从来不曾真正死过，只是扩大意识层次，有如走过门，到更光亮、更有生气的环境。这个环境因为爱的光与音乐而更加生机蓬勃。

几个月之后，丹妮在医院检查一位四十一岁的男士，他患有间歇性哮喘。丹妮觉得他有一股说不出的亲切感，不过检查病人的身体更重要，她没有想太多。

他的眼睛一直跟着丹妮，因为他对这名美丽的护士也觉得有股熟悉感。他们互开玩笑，然后觉得彼此有许多共同点。

丹妮用听诊器检查他的肺部时差点昏倒，她呼吸停顿，双腿动弹不得，因为她看到新月状的胎记，就在他的右肩下。

她惊觉某件不可思议的事即将发生。

丹妮在谈话中探问他的婚姻状况，然后高兴得泪如泉涌。

他离婚了，妻子曾多次外遇，数年前抛弃他。他觉得受伤害，遭到背叛，自信心受损，此后没有再婚，因为害怕再遭背叛。这样的痛苦他无法再去承担。

他觉得很奇怪，为什么对一名素昧平生的护士说这些私事？这些跟她有什么关系？

我相信他们的邂逅不是偶然的。他们的爱，他们还未完成的前世关系，还有他们的生命规划把他们再度拉在一起。他们的灵魂计划好这一次的会面。现在他们已是神仙佳偶。

丹妮不再觉得歉疚或不够资格被爱。我一直没有机会治疗她丈夫，虽然我很乐意，不过动机并不是想证实他们的前世关联。灵魂已经互认了，胎记、幸福的婚姻，这样就够了。他们相爱，爱是不必去证明的。

我只是想帮忙减缓他的哮喘。治疗效果我已经在之前的书籍中描述过：**在前世里窒息而亡，通常会在今生显现哮喘症状**。

第四章

移除障碍，就是喜悦

◆ 灵性大师导引 10

你知道得比别人多，也了解很多。对他们要有耐心，他们没有你那么多知识。灵体会回来协助你，只要你所做的是对的……继续做，这个能量不能被浪费。你必须去除恐惧。这才是你最好的武器。

我们都是依上帝的形象创造出来的，上帝在我们之内，而我们内在的本性是爱、平静、平衡、和谐。

生命的过程里，过度的恐惧、愤怒、嫉妒、悲伤、不安全感以及其他的负面思想与情绪不断增生，掩盖了人美丽的内在天性。这些外在的掩盖，就在我们童年的生活文化里不断强化。我们成为不该成为的——愤怒的人、恐惧的人，充满不安全感、罪疚以及自我怀疑。我们忘了真正的本质。

我们不必刻意去学习爱与平衡、平静与同情、宽恕与信任，那是我们本来就知道的东西。

我们的任务反而是“不要学习”负面以及有伤害性的情绪及

态度，这些东西祸殃我们，阻挠我们的沟通，并造就悲惨的世界。当我们丢弃这些负面特征，回眸审视自己，就能重新发现真正的本性以及积极而关爱的自我。我们被昏暗蒙蔽太久了，也遗忘本具有的一切。

只要拭掉外在尘土，移去负面的想法与情绪，就能看到真正的钻石。我们都是神性不朽的灵魂。我们的内在一直是亮晶晶的宝石。

放下恐惧、愤怒的负面情绪对身体与心灵的健康有益。心灵的压力是致病与死亡的元凶，这是世界公认的事实。我们的心情、情绪或是心灵状态会转化为身体的症状。爱可以治疗，压力会被消灭。

慢性压力危害健康

《新英格兰医学》杂志 1998 年 1 月号曾有篇文章报道，心灵的压力造成荷尔蒙的复杂分泌并释出化学物质，如果荷尔蒙不迅速补充，而压力持续，化学物质继续释出，身体器官就会有不良后果。压力造成心跳、血压、血糖的改变，增加皮质醇的分泌。

压力也会改变胃酸、肾上腺素以及其他化学物的分泌，这些化学物只在特定状态与时间里才会加速分泌。最糟糕的是，压力会抑制免疫系统，伤及感染与慢性病的修复能力，像是癌症与 AIDS。

这篇文章总结说，慢性压力造成有危害的生理机能改变，结果是抗拒胰岛素、心脏疾病、丧失记忆、免疫失调、骨质疏松。

狄恩·奥尼许（Dean Ornish）是著名的心脏学家，他是研究压力与心脏疾病、前列腺癌的先驱。最近他出版了《爱与生存：亲密的治疗力量之科学基础》（Love & Survival:The Scientific Basis for the Healing Power of Intimacy），他在书中说："（敞开心）不仅跟生活的质有关，同时也跟量有关——我们能活多久……孤独与隔离有二至五倍的可能性增加疾病或提早死亡……人在寂寞时，可能饮食过量、工作过度、滥用药物，或有自我毁灭的行为。"

奥尼许又说："爱与亲密是一种根源，让我们生病也让我们舒适，既造成悲伤也带来快乐，让我们受苦也达成疗愈……除了这个以外，我不清楚是否还有其他的医疗因素，会对生活品质造成重大冲击，造成疾病与提早死亡等等。"

放掉负面的想法与情绪，并发现内在的平静、喜悦——这些才是目标。你会发现生命更美好。而且，在灵性之路上，你会有更多的自觉。灵魂将在肉体里展现无限可能，让我们更健康，抗拒疾病。多美妙的组合。即使你依然运用思考，百思不解灵魂的功课与意涵，但绝对不必怀疑身体所能得到的益处。本书的一些建议，可以让你发挥强烈的实践理性，使健康获益，而且灵性的益处也将增加。你没有什么好损失的，反而能获得一切。

愤怒是错误的投射

愤怒是审判造成的，我们立了一些幻想和选择过高的标准，并以这些标准衡量别人。他们可能不知道有这些标准，但是我们根本不管。

所以别人对我们生气，是因为我们不符合他们的预期。预期可能是不切实际的，所以我们不可能配合。

我有一名病人回忆说，母亲在她小的时候非常苦恼，因为女儿没有金发。这多悲哀！

儿童的创伤如果是由父母不合理的预期所造成的，会很难疗愈。我们必须去理解，父母的期待可能是错的或虚幻的，这个理解不能只是靠头脑与理性，还必须用我们的心去掌握。

问自己一些问题，不要审判或批评，观察意识里跑出什么想法、感觉与影像。

父母亲对你的要求与预期，是否不合理？你会偶尔配合他们扭曲的要求吗？他们用你当作实现愿望的替代品吗，或是利用你当传声筒？

过度关心别人的意见，表明你已被利用来成就别人的目的。理想上，你不应该太在乎别人对你的看法。如果你做的事是对的，请用同情的行动找出自己的真理。

内疚是一种自我愤怒的形式，把愤怒的对象转向自己。你对自己失望：你没有配合完美的自我预期。

愤怒是自我的防卫，防卫恐惧。恐惧被羞辱、被贬低、被嘲笑，感觉没面子，没错，这些都是恐惧失去，恐惧达不到目的。我们认为愤怒“保护”我们，让我们对付别人，这些人也可能对我们很生气。

愤怒是一种有害、无用的情绪，它会被理解与爱消解。

当负面的情绪被理解，当负面情绪的根源被查明，情绪后面的能量就会减弱或消失。愤怒之时，健康的反应就是去找出愤怒的原因，可能的话也要整顿局势，然后放下愤怒。

我们都是互相关联的，都是一样的。我们都同在一条船上。

愤怒之下通常有悲伤。愤怒是我们伤心绝望的保护衣。你可曾注意，有爱的人少有愤怒。他们有不同的节奏，而愤怒不是他们的节奏，悲伤也不是。爱的节奏完全不一样，愤怒与绝望的能量激不起那种节奏回响。

生气的时候，身体制造出有危害的化学物质。可是，我们完全不顾身体与情绪的不良后果，还是紧抓愤怒不放。人真是顽固的物种。

媒体把愤怒的人当作角色模范投掷给大众。兰博（影星史泰龙在电影《第一滴血》中塑造的形象）的愤怒从未停过，我不知道他懂不懂什么叫微笑，他的愤怒常被塑造为正义之怒，然后他们可以暴怒不已，甚至杀人泄愤，其实这是不对的。

这种塑造对我们是绝大的伤害，愤怒应该避免，而不是被鼓励。

愤怒鼓励我们把恐惧投射给别人，愤怒造成暴力、战争以及无数破裂的心。愤怒毁灭我们，由外而内，也由内而外，从荷尔蒙与化学物的分泌到敌人的子弹。

理解与爱，消解愤怒。

我注意到自己的状况。我住迈阿密，如果开车出去，有人故意挡路，我会生气。可是当我在加勒比海的小岛度假时，如果也有人做同样的事，我不会生气。我的观点在度假时改变了，不会粗鲁无礼。可是愤怒没有区域性，既然我的内在能改变，不生气也可能发生在迈阿密。

放下恐惧，打开心

◆ 灵性大师导引 11

你有与自己的关系，也有与别人的关系，你曾住过许多身体，活过许多时代。所以问问现在的自己，为什么那样恐惧。你为什么害怕做合理的冒险？你害怕声名受损、害怕别人怎么想你吗？这些恐惧来自童年的制约，或是更早之前？

问自己这些问题：有什么损失？最差的状况是什么？用同样的方式度过余生，我满意吗？死终究会降临，跟死相比，这样算是冒险吗？

情绪上受到威胁时我们竖立恐惧之墙，我们害怕被伤害、排拒、放逐。我们被自己内在的脆弱威胁，于是撑起围墙，让我们不去感觉。我们压制感情。

有时候，我们抗拒威胁到我们的人，甚至在他们抗拒之前，迎头痛击他们。这种自我保护的方式，称为“反恐惧防护”（counter-phobic defense）。很不幸，我们的恐惧之墙给我们所带来的伤害比别人还大。墙挡住我们，封闭我们的心，恶化我们的状况。只要被墙挡住，剥离我们的感情与情绪，就永远找不到受苦、脆弱、恐惧的根源。我们不能了解问题的根源。我们没办法治疗，没办法整合。

◆ 灵性大师导引 12

经历超越信念。教他们去经历。移走他们的恐惧，教他们去爱，去帮助别人。

闭上眼睛，做几次深呼吸。让你的高墙倒下。不带审判、批评、内疚，检查墙底下有些什么。什么是恐惧？为什么要保护自己？要怎么治疗这个恐惧？如何再度整合？

只要真正了解恐惧与恐惧的根源，恐惧就会瓦解。你的心将再度打开，然后感觉到欢乐。

经历比信念更强大

在一次大型的团体回溯里，米克第一次体验到前世。那一世，他是宗教领袖，非常好学，当时他正在演讲上帝的男性与女性特质。之后，米克很想多知道一点前世的生活，看能不能回想起更多宗教上的知识。这一次我们用个人回溯，只有我跟他，并录音记录。

就像我在之前的书籍中提过的，潜意识有自己的行程表，有自己的意愿，它不一定对我的建议或患者的愿望做回应。它要走自己该走的路，不会完全听我们的指挥。

因此，在深沉状态中，米克发现自己出现在另外一世，几世纪前的英格兰。他刚打完仗返归故里。很明显，他必须从这一世里学习到更重要的功课，比宗教家的博学更重要。

“我站在外面，一堵好长的石墙，尽头是一棵大树……我刚回家，从……我想是……战争……我很高兴，重见故乡真高兴，还有重见老友。”

米克继续说：“我的朋友站在墙的另一头，以前我们常到树下，坐下来谈人生，谈长大后要做什么，以及手边的事要怎么处理。他正在等我。”

“你能清楚地看到他吗？”我问。

“他是棕发……颧骨高耸。其实是他的脸很瘦，不一定是颧骨高，不过你就是看得到突出的颧骨。”

在回溯中，被催眠者的清楚观察以及详细描述，一直令我印象深刻。米克继续描述朋友：“他身材修长，不能算瘦……他……像是穿着紧身衣，身上有弓有箭。”

“弓是做什么用的？”我探问。

“是用来打猎……猎鹿……我想也是护身，因为我刚从战场回来。”

“哪一个战争？”

“我们用弓箭的战争。我也带着弓。同时也带着……一条绳子，两头绑石块，用来丢的，我的武器。”

“从战场回来，你有什么感觉？”

“太棒了！”米克立刻说，“因为我没有……因为我活着回来，能跟朋友在一起，很开心。我有爸爸、妈妈，好像也有妹妹，我不确定。”

我让他继续往前，想知道这个年轻人从战场回来，为什么那么高兴。

“我住在山坡上的城堡……废弃的。他们抓走官员，占领土地，在我们离去的时候。我妈妈死了，爸爸不知被抓到什么地方去了。”

“你呢？你要怎么办？”我问。

“我实在厌倦打斗，所以，我想我应该做该做的事吧。我猜他们都在等我回去救他们。”

我继续前推，到他结束此生的那一天。

“很热闹的庆祝，每件事都恢复到以前的状况。就在我重回家乡时，每个人都很快乐，因为能重新聚在一起，每一个人都重获他该有的东西了。官员们全部都回来了。每件事都恢复原貌，我也再度看到爸爸，与朋友重逢。朋友跟我相约到山丘上去坐坐。”

他的生命在满足的庆贺中结束。当他死后飘浮在肉体上面，我问他这辈子学到什么功课。

他用平静、轻柔的声音说：

“那是荣誉，去做你要做的事，不必害怕，而且相信任何事一定能成功。只要你用自己的心去感觉什么事该做，而且，友谊是多么重要。”

这个看法对米克非常重要，对我们也很重要。遵照自己的心，而且不必害怕。恐惧阻挡我们的理解与命运。虽然在物质层次上，不见得每件事都能顺顺利利，但是在灵性层次上却获得进展，最后影响我们的身体——如果不在此世，就会发生在下一世。

如果你的心灵是关闭的，你就无法学习新事物。关闭的心灵抗拒任何与旧信念冲突的不同事物。他们忘记经历比信念更强大。恐惧是让心灵关闭的力量。只有开放的心才能接纳、处理新知识。

融化封闭的心灵

我的心灵在经历凯瑟琳的事情之前，曾经非常封闭，所以我知道把心灵开放给新的可能性多么困难。我曾请卡洛记下以下事项，借以显示我的封闭心灵如何被挡在理解的大道上。

卡洛写道：

> 我们结婚还未满两年的时候，一天接到电话，我父亲因为心脏病发突然辞世。我们迅速打包，从康乃迪克开了两百里的车，到达父母在宾州的家。虽然父亲有心脏疾病，但才五十三岁，没有人料到他会死亡。
>
> 父亲是有人缘、爱社交的人，所以家里挤满了来哀悼的人。
>
> 葬礼办完，布莱恩回医学院，我继续待一个多星期陪妈妈。父母住的是卡德式小屋，有人字形屋顶，中央有烟囱，家里有两部电话。一部在楼下走道，父母卧房外，另一部在楼上卧房供我使用。电话放在桌上，离床很远。布莱恩离开几天后，一晚，我被很响的电话铃吵醒，接听时，我听到父亲深沉的低音说：“哈罗，大家都好吗？”我非常震惊，回答说：“我们都很伤心，爸爸，因为你过世了……不过，大家都会平安渡过的。”

接着，他问起妈妈想不想接手他的事业。父亲经营废旧五金生意，有个堆积场，母亲根本不懂做生意，甚至几乎不曾去过堆积场。在这个悲伤的时刻，她不想让亲爱的人扫兴，早就决定继续经营。我告诉父亲这件事，并补充说，他的一些从事相关生意的朋友会鼎力帮忙。他说，告诉母亲做她想做的事，不一定要继续经营下去。

第二天早上，我问妈妈与姐姐，有没有在昨晚听到电话铃响。她们说没有！所以我也不想勉强讲出我的经历。然后母亲说，睡梦中，她觉得有人在她手背上写“我爱你”。父亲生前与母亲一起参加晚宴、看电影等等，常偷偷在母亲手上写这些字。她知道昨天晚上父亲来过。于是，我就把父亲的信息告诉他们。

几天后我回到康乃迪克州。虽然那晚的电话仍盘踞在心，但我没有跟布莱恩讲。任何有关超自然的暗示都会被他严词驳斥。发生了这件事对我来说太重要了，我很难忍受他的理性解释。这是我们关系中的唯一秘密。

多年后，布莱恩遇到凯瑟琳，有了不同的体验，我才把那一晚的经历讲给他听。那时候，他收集累积了一大批相关主题的书籍，津津有味地听完我的描述后，他把椅子转过来，站上去抽出一本书给我看，书名是《亡者的来电》。

傲慢也是一种恐惧

1992年11月，我读到教会终于赦免伽利略发表关于地球不是太阳系中心的“被诅咒的异端邪说”。对伽利略的赦免调查已经进行了 12 年。

我实在很惊讶，我以为牛顿在 1722 年证明伽利略的理论无误后，早已还伽利略清白。但是没有，伽利略事件依然悬着，直到 360 年后才盖棺论定。要打开心灵真的要花这么长的时间吗？

有位朋友告诉我，伽利略去世大约一年后，牛顿出生。我说：“真有趣，会不会是伽利略转世成牛顿，然后证明自己是正确的？他一定有特别强烈的动机想做这件事。”

朋友补充道：“说不定他再回来，转世成现在的教皇，澄清自己！”

◆ 灵性大师导引 13

你必须扑灭他们心中的恐惧。恐惧一出现，就是能量的浪费。恐惧会窒息他们，让他们无法完成到这里该完成的……那只是表面……问题只是表面。深入他们的内在灵魂，在这里，理念被创造出来，你必须在这个地方碰触他们。

我在南非带领一个工作坊，喝咖啡的休息时间，一名妇女传来纸条，上面提到克服恐惧，我与大家分享：

“我一直‘知道’，也‘看到’我会在四十二岁时死掉。一名朋友推荐你的书《前世今生》。我实在非常恐惧，越接近四十二岁，我的死亡感就越鲜明。”

“阅读你的书的时候，我一定会放下书，因为我不断看到我的‘梦’，还有其他的东西，这些梦不停折磨我。我不断地读，以便找到答案。每一次当我对书上的某一段心有戚戚焉，人就轻盈起来。我慢慢体会到，**折磨我的梦原来是前世记忆**。”

“读完书我去找朋友，她看到我的第一句话就说，我好像放下了几百斤重的担子。”

“今天，还有不到两个月我就四十五岁了，我的负担减轻太多了。真是谢谢你。”

一名女士告诉我，几年前她有一场永难忘怀的生动濒死经历。后来，她受邀到当地电视台，上特别制作的濒死经历节目。节目中，她详细描述了个人的情绪经历。

当晚有位来宾是精神科医师，他是怀疑论“专家”，上节目的目的是平衡一面之词。他以很权威的口气告诉这位女士，她的经历不真实，也是无效的，那只是她脑部的化学反应。

“真傲慢！”当她把这件事告诉我，我很生气，说了重话，“他根本不懂，你遭遇的丰富视觉影像，更不懂你的情绪转化、你所接收到的信息。而且他竟然把整个经验说成是化学反应！”

“不对！”她纠正我说，“他在害怕。那是一种恐惧，不是傲慢。”

没错，她是对的。傲慢是恐惧的另一个面相。如果人不恐惧，根本没有傲慢的必要。

对我来说，这是重要的功课，而且我能理解。我让审判的态度在理解的光亮下蒸发。

原谅并不是忘了它，原谅的意义是理解。

放下不安全感

◆ 灵性大师导引 14

“记住！”那道声音说，“记住你永远在爱中，你永远受到保护，你绝不会孤独……你就是光、智慧、爱……你永远不会被忘记，你永远不会被忽略。你的身体不是你，你的头脑不是你，甚至你的理性也不是你，你是灵体。你必须做的是让记忆重新觉醒，记住它。灵体是没有限制的，不被肉体限制，也不会被智力与理性限制。”

我们最大的错误是急于知道结果。我们被结果缠住，这个缠绕生出了不必要的焦虑、恐惧与不快乐。

担心自己的表现就是焦虑。如果达不到标准怎么办？失败怎么办？别人会怎么看我？我们就是这样苛刻地审判自己的。

恐惧与达不到渴望的目标有关。如果失败，我们就会说服自己，我们得不到想要的东西。我们是失败者、输家，我们会被排拒，我们会恨自己。

何必烦恼既定的结果，去做你认为正确的事，尽力去做好它，只要不自私就好。

有希望很好，期待就不好，因为失望就躲藏在期待之旁。

有天早上我正在冥想，一条清楚的信息突然出现在心里，震撼了我：**“用全部的心与人相爱，不要恐惧，不要踌躇不前，给予**

愈多，回报愈丰。”

> ◆ 灵性大师导引 15
>
> 你们向往虚幻的安全感，而不是爱与智慧。

金钱是中性的，不好也不坏。我们怎么使用钱才是重要的。我们可以用钱替穷人买衣服、食物，也可以用钱选择自私或浪费。选择权在我们，然而最后我们都会学习到功课。

钱与安全感不是相同的东西。安全感只能来自内在，那是灵性特质，不是凡间的。钱才是凡间物，离开的时候你带不走它们。

我们可能在一夜之间失去所有，说不定这是我们的功课、我们的命运。安全感是由内在的平静以及对真正本质的认识生成的，那就是灵性。我们永远都不会真正受到伤害，因为我们是不朽与永恒的，因为我们是灵的存在体，不是肉体。我们永远被爱，受到保护，也永不孤独，因为上帝与充满着爱的众多灵体会永远保护我们，因为我们都是相同的存在，所以没有必要恐惧。很确定，这个实情就是欢乐与安全感的秘密。

“用全部的心与人相爱，不要恐惧，不要踌躇不前，给予愈多，回报愈丰。”

爱的任务

汤姆回溯到 19 世纪的英格兰，他非常详尽地描述了自己、所住的房子、附近的环境，巨细无遗。我知道他看到的比所说的更多。

目前这一生，他被莫名的失去恐惧折磨着。

在英格兰的前世里，他也察觉出自己的不安全感。他描述了苍翠繁茂的乡村，起伏的山峦，高大的老树。“我是地主……四十五岁……但是我并不是上层阶级……我们的家是个庄园，我有妻子、两个儿子。”

“你有什么困扰吗？”我问。

“我很富有，日子过得很舒服，下半辈子绝不愁吃穿。”他说，“但仍有些不确定的焦虑，因为我不是上层阶级，所以有一种不安全感。他们随时可能拿走我的一切，让我一无所有。”

我让他加速前进，看看下一个重要事件。

“谷仓失火了！”他紧张兮兮地说，“火势猛烈，我要把家畜赶出去……那两匹马出去了，有的赶不出去……我想房子也着火了！”

“怎么回事？”我问。

“孩子逃出去了，但是我老婆死了。”他悲恸不已。

“你有什么感觉？”我问，“你可以想起任何事的。”

“真痛心。”

“为什么有火灾？”

“我想是有人纵火。”他停顿了好一会儿。

“谁纵的火呢？”我打破沉默。

“村里有一些人……因为我是犹太人。”他再度陷入沉默。

夺去妻子生命的大火之后，他离开英格兰到美国去，但是悲伤一直跟着他，他孤身一人过日子。

我带他到生命的最后一天。

“我在床上……老了。两个儿子跟他们的家人都在……到这个新大陆仍有点不习惯，但是我准备好了，可以走了。”他死了，离开身体。

“我很清楚，那个受伤害的感觉仍在。”他懂了，愤怒、偏见、恨意会导致可怕的伤害，这当中有积极的功课。

“我的儿子……爱……家庭的感觉……这些是我的慰藉。”

这一世的汤姆不是犹太人，他找到了害怕失去那种不安全感的根源。**他已经学到恨与偏见会导致惊人的暴力与痛苦，他也学到爱是所有苦痛的慰藉**。

汤姆在前世里的任务不是要惩罚、审判那些纵火杀妻的人。业报会妥善处理这一切的。汤姆的任务是去理解、宽恕，这就是爱的任务。

安全的灵性之屋

睡觉的时候，一条信息让我转醒：“你是建造自己灵性家园的木匠。”我还听到：“建造这个灵性之屋，你需要多少锤子？一千把会比一把完美的锤子更好用吗？重要的是品质，而不是有多少锤子。”

我们花太多时间在收集锤子上，用在建造灵性家园的时间反而不多。

生物血缘上的家庭，不一定是你真正的家庭。你的父母、兄弟姊妹、亲戚可能不了解你。他们可能没有表达爱意或关心你，也许他们排斥你、伤害你。你没有必要受此非人性的待遇，这不是业报，你已成为别人或家庭的虐待对象。虐待或伤害别人是施虐者选择的行为或他的自由意志。虐待绝对是不应该的。

长大之后，你可能发现身旁的亲友真正关心你，他们提供了安全感，而安全感来自他们的爱以及对你的尊重。这些爱你的人或朋友成为你真正的家人。他们可以分享你的灵性价值，而你也以积极的方式帮助他们成长。这些人是你的灵魂家庭。如果你被血缘家庭排拒，那么灵性家庭会接纳你、滋润你，成为你重要的家人。

我并不是要你遗弃血缘家庭，或者不再敞开同情的心好好沟通。而是你不能让自己受到虐待，无论那是心理上或生理上的。你不能把虐待合理化，说那是容忍。

俗话说血浓于水。这是指在困顿时朋友可能弃你而去，但是最后你靠血缘关系得到扶助。我会说，不错！血浓于水，但是“灵浓于血”。灵魂的家人永远会支持你。

第五章

理解带来治疗

◆ 灵性大师导引 16

一切都是爱……一切都是爱，爱带来理解，理解带来耐性，然后时光凝止，一切都是现在。

我们心灵的最深处是不受一般时间规律左右的，发生在很久以前的事情，仍然有直接穿透性，会影响我们。旧伤口影响我们的心情与行为，就像昨天的事，有时候杀伤力随时间而递增。

理解有助于治疗旧创伤，因为更深的心灵不受时空条件管制，过去的事件可以重新改写，再次架构。原因与结果不是必然的捆绑。创伤可以复原，损害可以修复。深度的疗愈一定会发生，即使那是很久以前的痛苦与伤害。

就像爱对我们的关系有深刻疗效，理解也能减轻恐惧。理解推开心灵之窗，爱的微风轻轻吹走疑惑与焦虑，灵魂得到清新的补充，关系也获得滋润。

理解带来治疗

我们的恐惧通常来自自己身上发生的事，今生早期的或前世。因为我们忘了，所以把恐惧投射到未来。但是我们所恐惧的早已结束。我们必须做的就是去回忆，去唤醒过去。

一名年轻的南非女士，用写的方式告诉我她的觉醒与疗愈：

“**你的书我全部都读过，前世的故事以及某些恐惧症被医治好，我印象非常深刻**。你在《生命轮回》这本书后面，教读者如何自我催眠。我想跟你分享我的感觉与我看到的东西。在这之前，我必须先说明一下，我要自我催眠五次后，才能进入状态。因为我很容易精神紧张，心思很不集中。自从遇到现在的男朋友，我们时常约会（已经一年零三个月），可是我一直担心失去他。这是不正常的，甚至我也有自杀的念头。更麻烦的是，他从来没有任何离开我的表示，反而好几次向我表明他非常爱我。有一天，我心情很差，我告诉自己，不能再这样下去了！”

“我想到，我可以把整个过程录下来。这一次，我有了特定的目标了：找出为什么那么担心、害怕。”

“很快，我看见自己坐在满天星星的路上。那是1679年，法国。我是法国人，名叫克莱儿，年约二十岁，非常漂亮，留着黑色长发。我穿着有补丁的褐色衣服，还有一双拖鞋：我想我是很穷的人。我怀里抱着正在哭泣的小婴儿。然后我在这个场景里看到一个人：那是我今生的男朋友。他名叫费多，来自西班牙，四十岁左右，高而瘦，我们在一起了，孩子也是他的。他也在哭，很绝望。然后两名卫兵来把他拖走。他的手伸向我，大声嚷叫，求卫兵放他走。”

“这就是我看到的。我实在太兴奋了，睁开了眼睛……”

“最不可思议的是我事后的感觉，我真想把快乐大叫出来，并开怀大笑。我的内心感觉非常自由、非常纯粹！然后，我没有再为了担心男朋友离去而流半滴泪，那些担忧害怕的感觉消失得无影无踪！我们的关系也改善了很多……我希望这种新的治疗法很快就能被大众接受！”

是的，我也这么希望，然而我觉得，这已经不只是治疗了。这是一种理解，理解生命是如何运作的，理解关系不断新生，同时也理解到我们绝不会失去所爱的人。**历史上曾有两个相爱的人，三百年后健康地活在新的躯体里，并开始分享新生命，再度相爱**。

是因为理解才带来治疗。透过理解，爱永远新生并展现。

爱是绝对的能量

两个人的相遇不是意外或偶然。命运的精心安排，让两个人重新找到爱，在出生之前，他们已欣然同意要在生命的某一时间里重聚。他们将再相见，并在更深的层次上“辨认”出灵魂伴侣，然后决定未来应该发展出什么样的关系。那么，他们的自我、逻辑理性，或家庭、文化所灌输的世俗价值会干扰内心的觉醒、搅乱灵魂伴侣的重逢吗？或者，他们的心能战胜意识障碍吗?

某些特定的恐惧会再度浮上来。这名女士有着“非理性”的恐惧，不希望出现悲剧性分离，因为在三百年前的法国，她曾遇到这种创伤。起初她记不起这个古老事件，但潜意识灵魂记得一清二楚，所以她害怕现在或未来会再发生。

她的业报任务就是理解爱是绝对的能量，并用这个理解克服分离的恐惧，同时也去理解，爱绝对不会结束，即使肉体死亡。**我们一定会跟所爱的人重聚，不在这一世就在别世**。

虽然灵魂知道这些，但是从出生后，她忘了爱人与前世的关联。她的任务是回想出爱的不朽性，并用这个了解克服恐惧。

这位年轻女士的经验是个好例子，让我们了解人在出生前已经安排好现世的生命机遇与命运点，借此让我们理解，拥抱爱并消除恐惧。神性与灵性的能量帮我们设计学习计划。有些似曾相识的感觉代表了我们对出生前计划的朦胧记忆。所以对于偶然、共时性、似曾相识等经验，我们要严密注意，因为它们代表着我们灵性计划的汇集，以及我们此生的“真正”路径。

当我们可以想起，无论那是前世记忆、梦境、似曾相识、偶然相合、自发经验、神秘事件等等，这时候我们就开始理解。

当我们理解，就会放下恐惧。当我们放下恐惧，爱的障碍就会消失，而且爱在我们之内自由流动。

区别前世回忆与幻想

常有人问我，怎么知道“记忆”是不是真的，或者那只是想象、幻想。很有趣，从治疗的角度来看，这根本无所谓。病人的病情好转，症状消失，这跟病人或医师相不相信前世毫无关系。根据 1994 年《今日美国》、CNN 有线电视网、盖洛普民意测验显示，27% 的美国人相信轮回。这个数字时至今日一定明显增高，此外有 90% 的人相信天堂存在。

若是从实证的角度看，那就有所谓了。身为临床医护人员、科学家，我们很想了解哪种回忆是真的，以及如何区别真实回忆与幻想。

有时候这个区别很简单。有些人会显示出使用陌生语言的特殊能力，他们从未学过这些外语，那么这可能是真的前世；或者有些人有通灵能力，这是前世的本质，在回溯中明显表现出来；也有人展现出非常详尽的特定历史知识，而他从未读过这方面的资料。另外，一些奇怪但不是这个时代的症状，像是断头台恐惧症，这是 18 世纪后期的典故，可以说又是一个强烈的前世明证。

还有一些其他的记忆特征似乎是真实的。这些记忆特征包括栩栩如生的回想，或是比幻想更常浮现，或是对某个场景有特殊的情绪感受。这些场景象演电影一样，一幕又一幕，而且有熟悉感。**前世的主题场景会与今生的问题共鸣。通常这些折射回来的生理、心理问题，回想以后都会得到改善或解决**。此外回溯所出现的场景，不见得会随治疗者的催眠暗示而改变，它有自己的生命。而且回忆中的场景细节，随着不断重复越来越清楚。

前世回想不是遗传记忆

另外一个我常被问到的问题，就是前世回想可不可以解释为遗传记忆。也就是说，某些记忆来自我们承继自父母与祖先的基因或染色体。

虽然某些普遍记忆确实可以由基因传递，但是我个人不认为大部分的前世记忆是这样来的。这里有几条反对理由：

1. 有些病人的前世回忆是在小孩子的时候就死去，或是没有子嗣，所以他们无法遗传给子孙，而这些没有子女的患者，他们对前世的回想非常生动，巨细无遗。

2. 某种特定回想特别明显，一名患者就忆起中世纪的战场，在这个场景里，他在万名战士中找到一个人，那就是他。这名受伤的士兵，今生有身体上的疾病，当他回想到前世的场景，疾病开始改善。我们很难说这个非常具体的特定事件是遗传记忆。即使是集体潜意识或种族记忆也很难说得通，因为病人的回想可以那么详尽。这个唤醒的记忆并不是原型或范畴，而是最细微的具体事例，而且还常常伴随着强烈的情绪。

3. 许多的回想事件发生在身体之外，这更不可能遗传。譬如刚才提的战士就是好例子。有些记忆是肉体死亡后的，他飘浮在肉体之上，俯瞰底下的场景。他观察自己刚脱离的肉体、伤口与环境以及整个战场，甚至一直到战斗结束。而且在这个身体之上的视觉观察中，他也有想法与情绪的经历。

让今生喜悦的关键

◆ 灵性大师导引 17

肉体状态并不是正常的。灵性状态才是你自然的样子。重回人世的时候，我们回到不熟悉的人体里。所以要花点时间在灵的世界里等待，重新回去。这是一个回复状态。这个地方跟其他的地方很像。

我们都是灵魂……有些在肉体状态，有些在回复状态。其他的都是守护灵，我们都会回到那里，我们也曾是守护灵。

请记住，我们都是灵魂，我们都是不朽的，存在于巨大的能量之海中，而这是欢乐的关键。在这个能量之海里，守护灵会帮我们调整命运之路与进化之旅，朝神性意识前进。我们不是要跟其他的灵魂竞争，每个人都有自己的路要走。没有竞争，只有朝向觉醒之光的团体合作之旅。**进步较快的灵魂会以爱与同情回头帮助落后的人**。所以，最后走完旅程的灵魂，跟第一名没有价值上的分别。

在这个被称为地球的学校里，有一个特别的困扰，就是不容易忆起我们是灵魂，不光是肉体的存在而已。我们常被这个三度空间的物质界弄得妄念丛生。我们从小就被教导金钱、特权、物质的拥有、身体的舒服才是最重要的，有时候这甚至是人生目标。我们也被教导必须被别人喜欢、被别人尊敬，这样才有快乐可言。

而孤单，他们说，就是悲惨。

然而实情是**我们是不朽的存在，从来不曾死过，而且不曾跟所爱的人真正分离过**。**我们有永恒的灵魂伴侣与灵魂家庭**。**守护灵永远会指导我们、爱我们**。**我们从未孤独过**。

死亡之时，“东西”一定带不走，带走的是我们的事迹与行为，以及内心的智慧成果。

当我们重新觉醒，懂得我们都是灵性存在体，价值就会转换，并获得平静与喜悦。假如这辈子你富我穷，有何差别？只有灵性之宝才留得住。假如你有名有势，而我是一介凡夫，有什么不同？喜悦不是来自权势或名声，而是来自爱。如果你比我更受别人尊重、崇拜，又有什么不一样呢？也许我更勇于说出不一定受人欢迎的真理。快乐出自内在，不是外在或别人对你的看法。**妒忌是灵魂的毒药**。

所以我们的目标是去回想、去觉醒，说不定本书的某个故事或其中的一段话会激发你的记忆，唤起你的觉醒，提升你的意识。就如克林特·伊斯特伍德电影里的有句对白：“创造我的日子。”

或许，很多人无法自发回想前世，是因为肉体的学习就是一种考验，我们必须确保灵性的获得与知识是在我们天生的本质之内。如果我们讲求非暴力，是因为我们害怕类似行为的未来后果，那么我们并没有学好功课。**真正的非暴力功课，在于我们从内心知道暴力本身就是错的**。

我不相信我们无法进到这些记忆里。透过催眠就容易回想前世，而且我们可以从更高的视点记住我们该学的功课。这时症状也解除了，我们还可以加速灵性的理解。南茜的经验显示了这个历程。

回溯治疗故事 05

南茜：认识自己的灵魂

南茜穿着简便的哔叽短裤与白色 T 恤。每个人的心情都非常轻松，参加在奥米茄学院举行的为期三天的周末工作坊。因为大家的心情都很平静，所以追加一次团体课。

南茜是四名志愿者之一，要在团体面前示范。我选上她，因为我觉得她可以在个人回溯时好好配合，我能问问题，更具体地引导整个历程，而团体回溯时就没有这些。

由于她是志愿者，不是病人，所以回溯的设计是展现催眠技巧，重点不在治疗。不过，**当人进入深沉的放松状态而且心思集中，治疗就会发生**。不过潜意识心灵只要觉得安全、受到保护，不一定会遵照我的意愿。以南茜来说，这是一个治疗与学习的机会，这种可遇不可求的良机岂能错过。

我们私下谈了几分钟，我向她说明整个进行程序。我决定采用快速引导法。用这个方法，20 分钟内可以让南茜进入深沉的催眠状态。

“好，南茜，就像我们刚才讲的，把右手交给我，并注视我的眼睛。然后遵照我的指示，准备好了吗？”

她准备好了。

“很好。等一下我会数到三，听到三的时候，手用力往下压，你会觉得我的手有往上推的力量。继续注视我的眼睛，听我的引导。一……二……三。眼皮开始沉重，下垂，昏昏欲睡，眼睛闭起来，睡吧。眼睛闭上，闭上，睡！”

我迅速抽回我的手，她立刻进入深沉状态。接着我用几个深化催眠的技巧，让她更加深沉，我问她有什么经历。

静默了一会儿，她开始说话了。

“我的第一次真诚相聚。我们在车上，爷爷要带我们去吃冰淇淋。今天是个特别的日子，每个人都注意我，我真的很兴奋。”她的笑容洋溢着幸福。

“你大概几岁？”

“六岁。”她毫不迟疑。

“告诉我你穿什么？”

“白色的衣服，白色的鞋子，还有白色蕾丝花边的踝饰。我很兴奋，每一个人都说我好漂亮。”

“快乐时光是为你准备的？”我问，虽然答案已经很明显。

“是的。”

“你看得到还有谁跟你一起吗？”找出其他视觉点一向很重要。

“爷爷、妈妈、妹妹，还有弟弟。”

“他们的模样呢？”

“他们……我们正在开车，我们在车内。他们跟我一起在车子里。妹妹跟弟弟在后座，他们……我不知他们几岁了。”

“这是为你而准备的快乐回忆。你有什么感觉，快乐吗？”我这样问是因为我看到泪水在她的眼眶里打转。

“很快乐。”

“你眼睛里的眼泪，是快乐的泪水还是悲伤的泪水？”

“我好兴奋。”

现在我知道了，这个回忆是快乐的，我决定先做个总结，再往后回溯。“真是个美好的回忆，你也知道后来发生了什么事。很好的回忆。穿着白衣看起来好漂亮，每个人都注意你。我希望你记住这些事，即使等一下你醒来。这个非常快乐的记忆与好心情也是一种爱自己的感觉，自我之爱，因为那不是只有一天或只在特别的一天，你可以每天都爱自己的。每一天都是为你而准备的特别的日子。记住这一天的快乐感觉，把它带进现在的生活里，这样你就会快快乐乐。你带着这个穿白衣裳的小女孩的快乐感觉，带着家庭餐，带着大家对你的关怀与爱。这些你都会带着，好吗？”她沉浸在爱的功课里，欣然点头。

“准备好再往后回溯了吗？”她再度点头。

“现在飘浮起来，飘浮在场景上，让现在的场景慢慢消退。你将带着你的快乐回忆与自我之爱。就让现在的场景慢慢消退，慢慢消退。你现在只是飘浮着，自由自在，也很平静。让我们回到你出生之前，在子宫里，在你妈妈的子宫里。准备好了吗？”她说准备好了。

“这一次，我们来看看发生什么事。我会轻拍你的前额，从五倒数到一。回到你出生之前，在子宫里，你妈妈的子宫里，看看你有什么感觉、印象、想法。”

没多久，她开始说了。

“我在飘浮，感觉到爱。我母亲背痛，我感觉得到她在压背。”

“所以你是他们要的孩子，你感觉到爱的欢迎。”

“是的，大家在准备很多东西，忙来忙去的。我想，一直在准备……准备……一直在准备。”

“他们在做什么呢？”我问。

“在粉刷，还有动迁一些人。”

“你感受得到这一切吗？”我对她能感受到许多细节很是惊奇。

“是的，他们都很兴奋，这是很好的活动。”

“为什么有眼泪呢？”我看到她的眼眶里又出现泪水。

“不知道，我很快乐。”

“另外一个记忆，大家期待你的降临。你是父母想要的，家人的兴奋之情、家里的准备是正常的——粉刷、准备好房间要把你好好安顿。你是家人‘想要’的宝贝，他们期待你，而且充满着爱。飘浮的时候，你可以感觉到，这是非常重要的，现在我们跳过出生，就是你已经生出来了。我数到三，跳过出生。没有痛苦，没有不舒服，看看大家怎么欢迎你，他们又有什么感觉，还有周围的环境。”

“好冷。”她回答后开始发抖，“妈妈还没有醒，她不在这儿。她不知道我在这儿。只有冷漠，又出生一名婴儿。医生与护士正在做他们该做的事。”我认为她母亲全身麻醉还未醒来。医生与护士做他们应该做的事，但是南茜已经感觉到他们做事时没有投入感情。

“不像你母亲对你付出的爱。”

“是的，我想是这样子。”

“他们有拿什么东西把你包起来帮你保暖吗？”

“我说不上来。”

她的寒战越来越厉害，我决定带她离开产房。

“现在我们即将飘浮起来，离开这一场景，你会温暖起来，让你自己温暖起来。飘浮起来，让场景慢慢消失。现在你很温暖了，人很舒服，仍然飘浮着，准备好再往后回溯了吗？”

“准备好了。”

“很好，让我们再来个小旅行，回溯得更远一点。如果能想起前世的事，那就好好回想，我会从五倒数到一，轻拍你的前额，你要把心思集中在前世的景物上，并注意任何细节。当我倒数到一，你就会继续在深沉的状态中经历，并告诉我你的前世场景，或其他任何你看到的、认为重要的。我数到一的时候，你一定可以记住的。五，你可以想起任何事。四，想起前世的事。三，集中心思。二……一。很好，到了。你可以注意衣服或其他细节，建筑物、房子、地形、环境或是你自己。旁边有其他人吗？你可以告诉我你看到了什么，经历了什么？”

“我在村庄里。”她的眼睛在眼皮下颤动着，“那是镇中央，像个市场，有很多活动，很多人在叫喊拍卖。我经过，不是他们的一分子。我是男人，留胡子。有味道，很多种味道。很不干净，很脏。”她继续观看，带出细节。

“市场是什么样子？众人穿什么？是户外吗？他们都在卖些什么？”我想从她的描述中评估是什么时代。

“户外的，有帐篷。很脏，灰尘多。有鸡，蔬菜不多。人——都像农夫，那好像是后街之类的。”

“大的城里吗？”

“我看见墙，墙分隔两区。我会说那是埃及，但不像埃及。是埃及！那是埃及。”我怀疑这个地区常被入侵、占领，边界也常变化。

“现在让我们往前，看看这个男人发生了什么事，这个留胡子的男人穿过市场……发生什么事？让我们进入未来，看这男人有什么重要的事情……当我轻拍你的前额，并数到三，进入下一个重要事件。一、二、三。看到了事情的发生。我再说一次，你已在深沉的状态中，可以讲话，告诉我你的经历，你看到什么，发生了什么事？”

“会议，他在跟人开会。他很重要。他知道……他告诉别人发生在别的地方的事。交换，交换……我不知道交换是什么意思。他们不愿交换。”

“那么他有什么感觉？你有什么感觉？”我故意用“你”包括“他”，为的是强化她与这名古代男人的联系。

“他很焦虑，不确定他们愿不愿意接受。”

“但是那是重要情报，交换必须达成，不是吗？”

“他知道他必须告诉他们，但不能讲。他们硬是要他讲。”

“我要轻拍你的额头，看你能不能知道更多细节，他必须告诉他们什么？是什么交换？三，你会知道细节……二……一。”

“我看到文件，我想那是……我不……”她停了好一阵子。

“我感觉到有军队！”她继续说，“一大群人就要来了。没错，他们要占领这块土地。他们就要来了，所以这些人要快走，否则军队要用武力赶人。如果不走，一定会打起来。”

“那你又是什么角色？站在哪一边？你的目的呢？”

“我想，我是另外一边的，我来警告他们。我可以说是间谍。他们每个人都认为我帮他们，但是我只想保持两边的和平。”

“这是好事，避免战争。这可相当重要，不过对你有危险。”

“我害怕。”我看见焦虑刻在南茜脸上。所以，我继续带她向前。

“让我们再前进，看发生什么事，这是非常棘手与危险的情况。你害怕军队就要打来，而你是打头阵的，企图说服大家，不要发生战争，你也不知道他们会怎么决定。没关系，我们继续前进，看发生什么事。三……二……你可以想起任何事。一，可以回想了。这些人、这片土地发生了什么事？”

“我在沙漠里，离开了那里，我做了应该做的事。他们已经开战。有些人愿意相信我，有些不信。我传达了消息后就离开，往前走。我不知道要去哪里，不知道。只是在沙漠里走着，我是孤单的。”

“现在你有变老吗？”

“不太老……”她又沉默起来，我们等着。最后，我打破沉默。

“让我们再往前，到生命的尽头。这名间谍、先遣人员前进到生命的尽头，我要再一次轻拍你的额头，到那最后一刻看发生了什么事。现在你知道任何事的。五，你可以想起一切……四，最后一天。三，这个男人的最后一天。二……一。好了，你在最后一刻里感觉到什么？”

“我在一个朋友家里，我要死了，很平静。”她的脸反映出这种平静。

“你可以看到朋友吗？”

“我感觉得到他们。他们都是非常好的朋友。那是一个男人和他太太。他们在我最后的这几天照顾我。我很老了。”

“所以你在危险的环境中活下来了，而且活到很老。现在是离开的时候了，你可以飘出身体，离开，在年纪很大时死去，飘上去，感觉很自由、很轻、很平静，飘浮，并在心里回顾这一生。功课……他学到什么？这一生的功课是什么？这是复杂、重要又艰难的一生，经常活在边缘，你学到了什么？”南茜思忖着功课是什么。

“我必须牺牲奉献。我的快乐不一定是最重要的。我有更大的工作要做，我必须离开家人，去救别人。”

“那是一种你应尽的义务。”

“是的，很值得。很好，我满意。”

“帮助维持和平，或至少在许多场合中避免战争。”我补充。

“是的，我想我做到了，这一点我一直不知道。”

“因为你接着又到别的地方去了，对不对？”

“是的，我又走了，而且再也没有听到那地方的事了。”

“很好，在你心里，现在把这一生跟南茜关联起来，你可以把那一生的训练、影响力、同情、责任感放入现在的生命里吗？看看这个关联，你可以从这个……他的力量中学习到什么？**把这一切带入今生。你可以不必告诉我，那是你的私人秘密。把一切带入南茜的生活里，带着他所有的特质向前走。**”

我们等着。我感觉到她已经完成我交付的任务。“很好，现在准备好要回来了吗？”

“是的。”

“好，等一下我会唤醒你，我要在你眼眉之间往上轻推。往上推的时候，你可以睁开眼睛，然后醒来，回到这里来。你可以记住任何事，而且你也跟以前一样，可以完全控制你的身体与心灵。”我轻轻往上推，她慢慢睁开眼睛，看起来有点茫然。她刚从非常深沉的状态中回来，经历一次很长的旅行。

“很好。欢迎归来。你对这一次的经历有什么感觉？”

“我觉得我正看着我没有经历过的事情，而实际上我正在经历，真是非常不同。”

“而且也是很强烈的经验。”我补充说。

“非常强烈。”她也同意，“我知道有件事情很重要，但是我不了解是在什么时候，一直到往回看才了解，每件事都在应该进行的轨道上运作着。”

“很好。你对童年那个相聚有美好的回忆。还记得白色的衣服以及那个特别的感觉吗？因为你有许多兄弟姊妹，所以这样的机会不多。”

“七个里面的第五个。”她澄清说，“所以大家不会常注意到你。”

“对。所以那是你的日子。”

“没错，那一天我是女主角。”她得意扬扬，“然后，我们回到你出生的时候，在子宫里，接着你被生出来。你再次感受到爱，被欢迎，准备迎接你的工作进行着。所以大家都要你这件事很重要。即使你是老五，他们还是要你。而且你也感觉到医护人员的能量，只顾做自己的事，你的父母在等你做好一切准备，他们是爱你的。”

“那时候我觉得有距离，他们没有那么关心我，对我的降临也无兴奋之情。”她谈的是医生与护士，“然后又有婴儿出生，他们必须去照顾。”

“接着你回想到沙漠里，一个留胡子的男人。也许那是埃及或中亚，就是那一带。”

她的眼睛看起来很遥远，像是又想到些什么。“我看到他沿着起伏的山丘走下去，一条泥土路，两旁都是宽阔的地面。他是孤单的。”

“他要预先准备，打头阵，减少部队里士兵不必要的伤亡。他要对方了解大局，而不是去打仗。”我这样说。

南茜知道得更多：“我真的感觉到即使他的生活是孤单的，也不会寂寞，他不觉得寂寞。我想，这跟他的任务有关。”

“我希望你看出这些与你的关联，但是不必讲出来，因为这是你个人隐私。如果有人问你一两个问题，现在你介意吗？”她说不介意。观众们个个看得出神，等了好一阵子才有人提问题。

“那是什么时代的事？”

南茜想了一会儿，回答道：“从我感觉到的衣服来看，正确年代不知道，但我似乎觉得那是公元前。我感觉不到是哪一年。”

南茜在回答问题时，我想到了第一个让我回溯的病人——凯瑟琳，她的故事被写在《前世今生》里。凯瑟琳也提到“公元前”，多年来，常有人拿这个做文章，批评说："为什么她知道公元前？在古代根本没有'公元前'这个词，也没有这一观念。"他们为找到把柄而雀跃不已。现在，南茜又这样说了。

当然，只要了解催眠过程与时光回溯，针对这一问题做回应并不难。**在催眠状态里，被催眠的人本身是观察者，同时也是被观察的人**。许多人在深沉的催眠中观察过去，有如看电影。你的意识永远在观察你经历的一切。除了与深藏的潜意识接触外，你的心灵还能判断、批评、检查。这也是为什么被催眠的人进入童年或前世后，仍然可以用现在的语言回答治疗师的问题。在这同时，他们也知道了所见的地理环境、所处的年代，因为内心之眼的灵光一闪，被心灵掌握到。被催眠的心灵"永远保持警觉，知道现在所发生的事"，然后把童年或前世放在整个脉络中。譬如说1900年的灵光一闪，你发现你在古埃及的金字塔建筑里，那么你"知道"那个时代是"公元前"，尽管你没有看到"公元前"这个词。

人都可以回想起婴儿时期的事件，这是我们在临床上看到的，同时也能用流利的现代语言把情况讲出来。为什么？因为那是记忆。他们并不是变回婴儿，然后失去身体与心理的能力。

我的注意力又转回观众与南茜身上。又有人提出另外的问题。

"为什么要选择这个特别的一生，南茜有什么感觉吗？为什么不选择另外的，或者是它自己来？"

南茜回答："我不知道为什么是这个前世要来。我想，上一次的课程里，我提到现在我必须去做些什么。我想，说不定那是我必须去知道的珍贵功课，我要好好想一想。也就是说，我必须好好去了解孤单。"

大家还提了几个技术性问题，然后我结束这次的工作坊。几天后南茜写信给我：

“你的工作让很多人的学习变得不同。**自从阅读你的书之后，我个人体验到强大的成长力量**。上一周末的经验我还没有开始消化，虽然我了解其中的信息，也看出它对我这辈子的重要性。我知道它对我的生活一定有极大的影响力。”

“感谢你让我有机会得到这个经历，也让我知道了自己的永恒灵魂！”

南茜已经掌握了这趟神圣旅程的本质。

每天的功课

◆ 灵性大师导引 18

不要失去冒险的勇气，你是不朽的。你绝不会受到伤害。

有时候，所得到的功课似乎很简单明显，然而我们必须用最深层次的心学习，不能只用知性。**直接的经验，通常是指回溯，提供了通往内心的大道**。

芭芭拉的前世进入得很深、很详细，那是19世纪末的美国南方。

她想起跟母亲同住在一栋白色大屋里，那时候南北战争已经结束，日子过得辛苦。后来她结婚了，生了两个孩子，住不同的房子，这时候的日子快乐了些。我要她推进到最后一天。

"我老了……手上有斑点……深色斑，我的皮肤很软。"

"有人在旁边吗？"我问。

"儿子跟我在一起……女儿也在……她在门口看着我。她很伤心。"芭芭拉低声悲叹，"我不希望她伤心。"

她死了，飘浮在衰老的身体上。

"现在感觉怎样？"我探问。

"不错！"她的回答很有力，"我可以看到他们在房间里，也看见床上的老妇。”她正在观察自己用过的身体，“她头发白了，有皱纹……我觉得非常平静……我正在飘浮……飘浮。”

她沉醉在这种平静的状态里。唤醒她之前，我请她好好看看女儿与儿子，看能不能辨认出是今生的什么人。

“我觉得女儿是现在叫罗贝卡的侄女……很奇怪……我觉得那个女儿就是现在的她。”

我提醒芭芭拉，我们常常一次又一次回来，与相同的人在一起，不过关系可能不一样。这就是我们在物质界的学习方式。

飘浮在肉体之上的她，回顾整个一生，她们本来是富裕的家庭，内战之后一贫如洗，建立起自己的家庭后又快乐起来。这有一个该学习的功课突显出来。

“要慢慢来，对既有的一切感恩。”芭芭拉语气铿锵。

我们再一次见到这个功课适用于芭芭拉，同样也适用于我们。**我们周遭有太多的美丽、真理、爱，但是我们很少放慢脚步去注意、去欣赏、去感激**。有时候要等到悲剧发生，或失去什么以后，我们才被点醒，但是没多久，我们又重蹈覆辙。

“走慢一点，闻闻花香。”这是芭芭拉功课的现代版。在美丽的花园中享受果实，用智力去了解是不够的，还要用你的心。你的想法与行动必须慢下来，这样你的心才能真正去理解。

学会爱与欢乐

请舒舒服服地坐下或躺下，闭上眼睛。做几次放松的呼吸，让紧张与不舒服离开身体。

回想那些充满欢乐之泪的好日子。也许你曾无私地帮助别人。也许有人不求回报，主动帮你忙。也许你读书、看电影或亲眼见到爱的情景，令你感动不已。

请慢慢来，你的心是开放的。

只要你的眼睛能为喜悦而涌出泪水，就能暂停一下，仔细观察。你看到了什么？为什么能感动你？你的人生失落了什么？

现在你有了很强大的线索可以修正你的需求，并带来欢笑，也让更多的平静进入生命。

大家都知道，快乐出自内在，快乐是内在的状态。如果某人改变了，或是外在世界改变，你不可能因而得到快乐，只有你的“改变”才能带来快乐。你必须用更大的视野看这件事。别人可能指出方向，教你技巧，他们顶多也只能帮到这里，剩下的全要靠你。

快乐，找寻欢笑没有错，不是罪恶或与灵性无关。除非你学习到欢乐，否则你不能从这个学校毕业。

特蕾莎修女写道：“我很确定，如果能了解金规则——神是爱，而且他从伟大的事物中创造我们，去爱与被爱——我们就能互爱，就像神可以爱我们每个人。真爱是不停给予，直到受了伤害，关键不在我们能给多少——而是我们有多少爱要给予。”

“因此，祷告是必要的。祷告的果实就是信仰的深化，信仰的果实就是爱，爱的行动是奉献，所以爱的行动是和平的行动，而这就是金规则。”

“爱是相互的，如同神爱我们每个人。”

我不同意“真爱是不停给予，直到受了伤害”，因为给予的时候有许多欢乐，任何的伤害很快就得到抚慰。除了这句话之外，其他都是智慧之言。如果每个人都能实践特蕾莎修女的这个简单处方，暴力与战争就会消失，和平将盛行于世。

而且在内在与心理层次上，人也将感受到这样的和平。恐惧会减弱或消失，因为爱融化恐惧。没有恐惧，我们就能完成来这里该完成的任务，而我们也将更快乐。我们躲藏在其后的高墙也将消失，因为如果不恐惧，我们就没有必要隔离自己，反而向爱的能量敞开自己。

世界送你一座大花园

我曾治疗过一名职业高尔夫球选手，他过分关心球场得分，结果他越担心，挥杆失误就越多。

有一次他在我的办公室做特别的深入冥想练习，他放下自我，整个人融入高尔夫球场。他开始理解高尔夫球，把这个运动视为人生的隐喻，整个球场跟他的生命一起跃动，好像也有了生命。

“你学习到什么？”我问他。

“球场不在意我的得分或我的表现。它只要我好好享受，去感受它的美与礼物。它的最大愿望是提供欢笑与乐趣。”

这个人的灵性出现惊人成长。一点都不意外，高尔夫给他的功课就是人生的功课。他学到双倍的好东西，而且他的分数下滑得很有意义。

有一天我在冥想时，有一条信息回答了一直在我心中酝酿却还没有问出来的问题。我一向勤奋工作，在诊所治疗病人，参加演讲与会议，回答堆积如山的信函。那么度假怎么办？什么时候有空读些休闲刊物？高尔夫球成绩常常很难看！我应该多挪一些时间给自己、家人、朋友？在生活里多享受一下？工作难道那么重要吗？

送来这条信息的灵性大师坚定地说：

“这个世界送你一座美丽的花园。如果你不享受果实，就会错失花园。”

觉　醒

◆ 灵性大师导引 19

进入这里之前，你必须检查自己的罪行。没有检查的话，你会带着这些罪行到另外一世。我们在物质界累积了许多坏习惯，唯一能清除的人就是我们自己，大师们无法替我们清除。如果你的选择是自我抗拒而不是自我清除，那么坏习惯就会继续带入下一世。只有自己决心坚强，驾驭外在的问题，这些坏习惯才不会跟着你进到下一世。

心理学家梅洛先生，也是耶稣会的牧师，告诉我一个有关觉醒的故事。这个故事让我们觉知到我们沉沦于每日生活中昏昏欲睡。

父亲意识到他儿子又要睡过头了，担心他上学会迟到。他反复敲了几下儿子的门。

“快醒醒，上学要迟到了。”父亲大声地说。

“我不想上学。”他的儿子回答。

“为什么不想上学？”父亲问。

“有三个原因，”儿子回答。“一是，因为学校枯燥乏味；二是，孩子们一直取笑我；三是，我讨厌学校。”

“为什么你必须上学，我也要给你三个理由，”父亲反驳道。“一是，因为上学是你的义务；二是，你已四十五岁了；三是，因为你是校长。”

因此，醒来吧，爬出你的床。如果你还睡，你就会睡到老，错过人生的机遇。”

活在当下，而不是活在过去或未来。过去已过，学习完，就放下。未来还没来，要做计划，但不要担忧。担忧只会耗掉你的时间和能量。

越南高僧一行禅师描述如何享用一杯好茶。你必须心在当下，专注于茶叶的甜香、茶汤的甘美以及茶杯的微温。如果**有过去心的懊悔、未来心的烦恼，那么当下的茶香与滋味，立刻化为乌有**。虽然喝下茶，但是你不滋不味，浑然不知喝了什么。

人生就是好茶一杯。

◆ 灵性大师导引 20

当你不能体验现在，当你被过去吸走，或是烦恼未来，就会带给自己伤痛与悲哀。

回溯治疗故事06

约翰：接触灵魂的花园

在回溯经验里，觉醒之门大开。如果治疗师已经准备好，而且灵活应变，允许被催眠者的更高心灵缓缓引导整个催眠过程，而不是推向治疗师既定的安排程序，那么转化生命的体验就可能发生。这就是约翰的例子。

我在波士顿工作坊的数百名观众前为约翰催眠，他是教育程度良好的中年男人。我注意到观众们特别安静，期待着我说出的每一个字，会场的一切我了然于心。

轻轻地、慢慢地，我把他推进时光隧道里。他的第一个景象是圣诞节聚会，那时才五岁，他显露出孩童般的喜色。然后我再让他往后，回到出生以前，回到母亲的子宫。

他马上说："这里好紧！真想伸展一下。"

约翰开始动头、伸脚，小心地移抬手臂。接着他注意到一道"闪光"，从脐带漾开来，这道光让他放松下来。

我引导他顺利从母亲肚子里产出，没有任何身体的不舒服，但是他却被噪音干扰得厉害。

"很多人在讲话。"他解释说。

我指导他脱离这个景象，并继续保持在深沉的催眠状态里。我请他观想，并走过一扇特殊的门，我期望他进入前世回忆。但他没有，反而出现灵性体验。

约翰发现自己在美丽的花园里，不可思议的亮光弥漫整座花园，注入他的光亮有深远的平和感，他也察觉到有许多儿童。他说，他上了年纪，是这些孩子的教师。

他观察到一只白马在旁边。“纯洁”这个字闪过他心头。唯一的茂盛大树立在他旁边。约翰从容说出这一切。语言无法恰当描述眼前所见，难以形容光亮与花园的美妙。我感觉得到，他知道得太多了，多得无法跟我们分享。

“你教这些孩子什么？”我问。

他的回答像谜一样：“我教他们怎么玩。”声音轻柔、缓和。然后约翰的语音突然坚定起来，台下的观众变成学生，现在他好像是我们的老师。

“我们可以永远在那里！”他说，“我们可以永远在那里！”

约翰的声音拖得长长的，然后沉静下来。没多久，他又开始说了，非常平静而且非常轻缓。

“这个欢乐……美丽……觉醒。这个地球上的花园无时不在，只要我们去选择。现在，它可以在那里，就在眼前，如果我们选择……如果我们现在想起如何选择。”当喜悦的眼泪静静滚落脸颊，他再度静默下来。约翰不想离开这个平静的地方，所以我让他多休息一下。

随时觉知眼前的经验

这就是约翰所要教孩子们的：只要我们选择，我们就有可能在地球建乐园，约翰的信息非常强烈。我们可以成为“别人”的真实意识，在当下的状态里，在物质界里。我们可以感受纯粹的欢乐、狂喜、宁静、美丽，就在当下，而且当我们超出物质界，就有相同的觉醒。我们走进同一情境里，我们真的是相同的。我们的遗忘，我们没有意识到的状况，是可以逆转的。我们不必经历死亡或濒死，去回想与重新体验吧！喜乐的眼泪继续从约翰的眼眶中流下。

他体会到的就跟我的体会一样，转变发生在生命里，这个转变是从全然的理性转入体验。开放已经发生，而且不再关闭，因为这个经验太积极、太强大。

约翰两星期后写信给我，描述他的共时性事件，这更加肯定他的经验。花园的象征到处出现。他走进唱片行，立刻觉得“被引导”，找到一张名为“秘密花园”的 CD。他在 CD 说明上读到：“十四首凯尔特与挪威音乐，帮助你发现自己的秘密花园。”

然后他走到书店，想买本特别一点的书，他的“觉知力被拉到另一本书上”，书名是《花园大门的另一边》，封面是花园与诗的图画，画上有着美丽的光。

几天后，约翰走进电梯，发现里面贴着世纪初古人写的诗：

所有爱你的人
都很美丽

他们就在你的眼前
他们乐于助你
你的花园有个空间
所有的人都受欢迎
我们只需走进

约翰再增补几句："花园无处不在，不断转化在我的觉知里……用我的心抵达花园，并接触灵魂的花园。"

约翰在波士顿的体验也让我的觉知力开始转变。

"它可以在那里的，就在眼前，只要我们去选择。"他曾这样说过。不要忘记！我们可以继续保持觉知：**我们是神性的存在，能够"直接"经验欢乐、爱、无限、同情、深度的安全感以及平静——都在当下。**

透过目击、观看、分享，几百名观众的觉知力被打开了，这发生在波士顿的工作坊里。我感受到场地里的欢乐、平静、安全感无所不在。弥漫我们的更高真理用信息注满每一个人：**我们是不朽的，我们永远被爱。我们就是爱。爱是能量，注满生命的每一粒原子，根本没有什么好恐惧的。**

第六章

放射爱与同情的能量

◆ 灵性大师导引 21

爱是终极回答。爱不是抽象的，而是实际的能量，或是能量光谱，你可以“创造”并维持你的存在。只要去爱，就能接触你心中的神。去感受爱，表达你的爱。爱消解恐惧。当你感觉到爱，就不再恐惧。因为一切都是能量，爱包含了所有的能量，一切都是爱。

大多数人并没有活出自己的生命，却表现得好像懂得灵性本质。我们的行为表现只是把人当物质对象，不看成灵魂或有灵性的。另一方面，我们说自己决不会做出疯狂的事，可是却言行不一做个不停。**我们有超过 90% 的人相信有上帝、天堂存在，而且死后会到另一个世界去，但是我们的行为却没有去相信**。我们粗鲁、用暴力对待别人。我们做出集体屠杀的行为，持续不断斗争。我们谋杀、强暴，我们凌虐、偷盗，我们持续表现得非常残酷、自私。

恐惧让我们辨认不出真正的灵性本质。我们应该发挥灵性，实践同情与慈悲，而不是谋杀与强夺。我们有太多的恐惧。

如果你一定要用“赏罚”的观点看事情，认为你只要思考到或做到爱与同情，就会有丰富的报酬，那么无可避免，如果你有恨、有暴力就会受到惩处。其实我们并不了解这种事，我们反而常发现人所表达的爱常常有更多的恐惧。我们恐惧被排斥、被讥笑、被羞辱、被认定为“软弱”，被贴标签或是被愚弄。

可是这些恐惧都是假的，我们一直被爱，一直被保护。我们是灵性存在体，存在于巨大的灵性之海中，这里还有无数的其他灵体居住。有些以肉体方式存在，但大部分不是。

爱是这个海中的水。

在物质界放射爱的能量

爱是能量，最高最纯的能量。在爱的最高感应里，同时具有智慧与悟性。爱是一种结合所有存在的能量，爱是绝对的，而且永不结束。

当物理学家在实验室测量治疗者施放的能量，说能量作用于病人或细菌，我个人相信，这些能量跟爱的能量（灵的能量）有关。治疗能量是由灵性能量构成的。未来的研究以及科技的改善，会使我们进一步了解这一关联。

当医生们讨论到身心关联，我个人相信，爱就是关联的能量。

当宗教家提到上帝的本质时，一定会讲到爱。对所有的宗教而言，这是真的，而且爱统一了我们。

能量的特性就是振动。气体分子振动得比液体分子厉害，而液体分子又比固体分子振动得厉害。分子是相同的，譬如 H_2O（水），但是分子的振动频率决定了固体、液体、气体状态。

所以，**只有一种纯粹的能量，那就是我们所谓的爱**。当它的振动频率减少，状态就改变了。我们就成了固体。

人生的两大主要目标，就是偿债与内在的平静。偿债意味着自由，意味着业报的克服，透过我们的行为与慈悲。偿债的方式有好几种，偿还之后，就可以修正灵魂的命运。

偿债并没有宗教上或基督教的意指，反而它是从肉体的生死循环中启悟与解脱的历程。偿债是一种渐进过程，坚定地带领我们到灵性之家。一旦解脱，灵魂可能选择重回物质界，为的是帮助别人去偿债。

偿债来自爱，而不是折磨。当我们的心洋溢着爱，而且爱流向他人，我们是在偿债的历程里。我们饱满了，而且业债就此消除。我们被拉回到终极之爱——神的怀抱中。

只成就内在的平静并不够。出家人或苦行者的经验是达到目的的方法，而不是目的本身。在西藏的山洞中安坐，达到平静状态，这很令人欣羡，但是你只达到第一层。活在物质世界中必须有所作为：解除别人的苦难，并帮助他们走上正轨；要有同理心、慈悲心；去帮助治疗这个星球，治疗这个星球上的居民；去教导也去学习。

如果你正在这个历程里，就能得到内在的平静，即使你没有多余的时间在山洞中修炼。

不求回报

◆ 灵性大师导引 22

我们有些人继续要求回报——因为我们的行为而想得到回报与公平……只不过没有回报，没有我们想要的回报。回报就是去做……做事不期望获得……无私无欲去做。

内人教了我许多有关爱的事情。她暗中支持我。不像我经常成为众人注目的焦点，她低调地避开聚光灯。她默默耕耘，不问有什么报酬。当别人消耗我的时间与能量，她只是耐心看着，这些时间与能量原本应该是她的，却挪了出去，我应该多跟她相处才对。她理解这一切。

有时候她会以开玩笑口吻对我说，她爱我比我爱她还多。我总是说不对，我的爱跟她一样多。

不过，我相信她是对的。她的爱真的比我更多。因为我对她的爱虽然深广，然而她对爱的理解却超过我。她知道如何爱得更多。

我只能对她承诺，我正在学习，有朝一日必会迎头赶上。

同情：把社区变成乐园

爱因斯坦说道：“人类是我们称为宇宙这个整体的一分子，这

一分子界定在时间与空间之中。他体验到的自己，他的想法、感受被视为是与其他部分分离而无关的——这是一种意识上的视觉幻象。这个幻象是我们的监狱，把人限制在个人欲望上，而且影响力只及身旁的那几个人。我们的任务是必须把自己从这个监狱中解放出来，扩大同情圈，拥抱所有的存在物与自然物。”

1996 年 8 月，我第一次访问巴西。在这片非常有灵性的土地上，我大部分时间与奇妙的人在一起，也有幸见到了在巴西出版我的书的出版商吉纳多先生。

为《生命轮回》巴西版写完序之后，我顺便写了些感想，因为他在行动中证明了爱：

> “我在巴西最难忘的经验，就是一名年轻女孩的脸。她大约十二岁。我可以看见她闪闪发亮的双眼，并听到她沙哑的笑声，当时她跟十几名年轻女孩匆匆掠过我，要去她们的‘工作站’。”
>
> 吉纳多这个大好人带我到一个非常特别的地方。他与太太雷吉娜一直在里约热内卢郊区，指导被剥削的贫穷少女进行一项计划。这些少女到这个工作中心，组合一些小建筑物，并学习实用技巧：缝纫、打字、美发、美甲、美容等等。她们聚集在一起，自尊心提高了，而且也学到有用的就业技术。当她们向我展示学习成果时，洋溢着欢乐与笑容。
>
> “那里的能量与女孩令我感触深刻。还有那天带我去的吉纳多，他向我证明了巴西精神。这名才干非凡的男人，给了我那么多热情，对这片土地、对这些民众……”
>
> “这就是为什么我们在这里，在这个地球上的原因。去

学习、去接触我们的同胞，以爱与同情，而且不在意是否得到回报。当我看到女孩们充沛的活力、可爱的脸，我就知道吉纳多与巴西一定会成功。”

我曾梦见在我们社区里出现同情与合作。我看到了理想村的人与建筑，他们奉献出社会责任，帮助邻居。这些成就了真正的社区，把社区化成乐园，这正是这个世界所要走的道路。当我们遗忘、失去自觉，人就会找寻权力、财富、名位、特权，而不是同情与合作，然后产生了阶级差异与奴隶。

同情、合作、关怀邻人、社区自治，这些跟经济发展无关。它们是一种心灵上的态度，不能由外在立法强迫遵守，必须从内在中学习。

从这一角度看，国家或社区是否采取特殊的经济或政治系统并不重要。我们奉献出的才能与劳动的果实，应该由整个社区分享，把我们从家庭中获得的，把我们对别人的同情、慈爱再分送出去。劳动的产品是每个人的慈悲心，而不是特定的经济系统。

我们接受，我们给予，我们接受别人的回赠。在给予与接受的平衡中，存在着欢乐。

当我们的社区是合作的，是有同情心的，当其中的每个人负起责任、互相体贴，我们就是在地球上为天堂的重建迈进一小步。

第七章

改变，从善行开始

◆ 灵性大师导引 23

互相合作，并保持和谐……每件事必须平衡。自然是平衡的，野生动物的生活很和谐。人类还未学会，继续在摧毁自己，没有和谐，做什么也没有计划。这与自然差别太大了。自然是平衡，自然是能量与生命……还有回复。人类只是在破坏，破坏自然，破坏其他人。他们最后终将毁灭自己。

在冥想中，我看见我们的星球变成一间老式的大校舍，一年级到十二年级的学童都在同一间教室里，而且只有一名老师，教遍所有的年级。

学校似乎有些问题，学生们越来越吵闹，不再和谐、不再合作，甚至校舍本身也摇摇欲坠。我知道如果混乱继续，学校将停止运作。

然后我看到好几家现代学校，每一家都建好美丽的校舍。小学、中学、高中，每名学生术业有专攻，而且学校的入学审查甚严。每个班级都非常有秩序，但是却缺乏了前述那单一教室的活力与能量。

我们的单一教室，我们的星球，可能因为社会混乱演化而分裂吗？更多初级班的学生赶走高级班学生，这样的日子来临了吗？那些采用暴力、仇恨、贪婪、恐惧的人会跟关怀、宽恕、同情、仁慈的人分隔开来吗？

这个梦结束了，但是结尾似乎很暧昧。我知道有害的模式将被调整，如果合作、爱以及和谐可以注入我们这个单一教室里，就理想的状况而言，让学长帮忙教导年轻学弟似乎是美妙的安排，一个老师有许许多多助教。

然而如果不协调、恐惧、自私继续流窜，这间教室将被更安全，可是也更呆板、更分隔的校园取代。

我们仍然要去选择。

每天的小善行改变环境

我们都梦想过要在更好的社会中过更好的生活，然而要清醒、不失望地好好过完一天，而且不被周遭的自私小人压榨，似乎困难重重。很多人只关心他们的私人获益，他们粗鲁、傲慢、挑剔、麻木。他们的行为不仅让我们向下沉沦，更让大多数人觉得无法改变这一切，所以只有更大的力量才有能力突围。

如果愿意接受我们的任务是启发这个星球的人类，那么我们就能改变全世界。实际上，我认为改变会慢慢发生，只要我们开始仁慈待人，每一天都不间断，做些小事让别人更快乐。做什么小事呢？也许只是帮助较不幸的人，也许更简单，只要对人好一点，或是仁慈待人而不求回报。

多年来，女演员兼电视主持人奥普拉（Oprah Winfrey）提倡每天做些简单善事。这些善事不必有昂贵的花费或复杂的行为。也许只是愉快的笑容、自然的赞美、协助需要帮助的人等；也许只是亲切的言辞、温柔的姿势、关怀的行动、同情的态度，或是欢乐的分享、帮助的快乐。一点一点，一步一步，我们社会的巨大改变将从此处开始。慈善的举动会让人受到滋润，恐惧与防卫将在温暖的善行中融化。

陌生人必须用这些善行亲近陌生人。慈爱与关怀不能只保留在家人或朋友之间，否则社会一点都不会改变。我们必须去接触所有的人，不能只接触喜欢我们的人。

如果我们能让每个人每天做些善行，世界就会改变，至少会有一个好的开始。

我们的日子会更甜美，垂头丧气会少一点，而且对未来会抱更多希望。此外，我们也将是孩子们的身教模范，他们会学习到仁慈的重要性。他们也将学习到简单的善行能吸引多少人并不重要，真正重要的是去做它。

开天辟地以来，所有伟大的精神导师都宣示过，要把爱与同情放在我们的关系与生活之中。他们没有浪费时间教我们如何累积财富，或教我们如何耍手段、自私自利、粗鲁、傲慢。

真正的大师会帮助你发现自己的路，指点你在灵性成长的道路上哪些是重要的，有哪些障碍。

暴力的种子在学校里

我们的任务就是在每天的生活中彰显这些教导。要改变世界并没有时间表，最重要的是开始去做。改变目前这个暴力、竞争而仇恨的世界，并不能只靠几个世界领导人的启蒙。**每一天在小团体中分享同情与善行，才能让这个地方更慈悲、更可爱**。我们必须了解人都是平等一致的，都在为生活中的宁静、快乐、安全感而奋斗不休，所以我们不能再彼此斗争与杀戮。

孩子们正仔细看着我们。观察到的东西就会成为他们的模范：我们的行为、价值观、态度。如果我们充满仇恨，对人暴力相向，他们就会跟我们一样。我们要教他们正确的行为与价值，最好是从婴儿开始，小宝宝也正密切地观察我们，而他们的理解超出我们的想象。

我记得多年前读过印第安霍皮族的故事。在他们的教育系统里，如果学生不知道问题的答案，教室内的其他同学不会举手讲答案，因为这是不礼貌、不文明的行为，等于在羞辱第一位同学。表现自己的聪明，让老师印象深刻，对霍皮族而言并不重要，他们认为举手抢答是一种占人便宜的野蛮行为。

“文明”的西方现代学校里，有这种情形的话，同学一定抢着举手发言。我们一直被教导损人利己，踩在别人头上爬上峰顶。我们被教导要竞争，不能手下留情。忘掉那名不知道答案的学生可能受到的羞辱，这是让老师印象深刻的大好机会。

这些就是暴力的种子。在我们很小的时候就被大人种在心田。我们可以觉醒，了解这些内在的杂草，然后连根拔除它们，然而这个过程不是那么容易的。

多年前，我在迈阿密医学院教药物学，对二年级学生讲授酒精与毒品，整班的人都来选修这门课。由于我比较注重学生能学到什么，而不是成绩多好，所以我声明不会有期末考试。我认为这样一来学生们更能集中精神学习，而不是患得患失，为考试而焦虑。

后来学校教务处要求我做期末测验，他们的测验卷共有一百二十道题，还有一些申论题。我向学生宣布，测验前的最后一堂课，我会跟他们一起讨论题目，并找出答案。我认为这样他们可以真正了解整学期的课程，而且也能顺利通过期末考试，每个人都得到A，真是一举两得。

我依照计划进行。

可是当我翻阅期末成绩时，吃了一惊。照理说，应该人人得高分才对，可是成绩分布竟然是一般的钟形曲线。只有少部分人得A，同样也有少部分人是D或F，大部分人得B或C。这是怎么回事？考试前一个礼拜，我不是告诉他们答案了吗？

其中一名学生是我朋友的女儿，这次成绩很好。困惑的我问她发生了什么事。

“他们不相信！”她说，“他们认为你会骗人，也就是说，你给他们的不是考试的题目与答案，你会在期末考那一天再出不一样的试题。”

这些学生已经被他们的文化制约了，猜忌、不信任而且竞争得你死我活。这样的学生未来十年内将成为我们的医生，成为猜忌、竞争、不信任的治疗者。

我们“文明的”文化正在教坏我们。**要改变一切，必须从孩子们开始，让他们知道爱与仁慈、信心与希望、同情与非暴力的重要性**，也要让他们知道人必须互相尊重，不能踩在别人头上获得物质的成功。

世界各地的大师与总统无法为我们做这件事。责任在我们每个人身上，也在每天一对一的相遇中。我们要伸出手来，用善行互相帮助，而且不再自私，忘了利害关系。这样，我们才能改变世界。

如果你没有机会做伟大的事，你可以用伟大的方式做小事。

排除暴力与仇恨

◆ 灵性大师导引 24

在人还没有受完业报之前，我们无权突然终止他们的生命……我们没有这个权力。让他们活着，他们才会受到更大的报应。死后，他们会到另一个空间去，在那里受苦。他们会处在不安的状态里，没有平静可言。然后他们会再回来，不过日子过得非常艰苦。而且，他们必须补偿那些受他们不公不义伤害的人……只有上帝才能处罚他们，不是我们。他们会被处罚的。

暴力的伤害远比肉体受到的伤害大，某些暴力比肉体的改变更具毁灭性。更细微地说，区隔“我们”与“他们”就是一种暴力行为。把焦点集中在人的差异性，而不是共同性，迟早会导致暴力。

我们恐惧“别人”。我们投射自我恨意、失败与过错到别人身上，自己遇到问题却责备别人，而不是往内在探寻。我们企图用“修理”别人的方式解决自己的问题，通常这就是暴力。

因此，有严格会员限制的乡村俱乐部就是暴力场所。会员们只不过在夏天的美丽球场挥挥高尔夫球杆，却有“我们”、“他们”之分，这就是暴力的开始。那些人跟我们不一样，你们不能信任他们，他们是危险的、令人恐惧的。

能用关怀与同情，接触这些似乎与我们不同的人，我们才能征服恐惧，用爱来替代。我们克服了暴力，拥抱命运。

诗人玛雅·安吉罗（Maya Angelou）如听到有人用偏见批评任何团体，会立刻很坚定地说：“停！”任何心地狭隘的评论、故事、笑话一被她知道，你一定听得到她庄严的声音：“停！”

这是个很好的方法。如果我们都能身体力行，顽固与偏见就会减少，也有希望消失。但是，能说“停！”要有大勇气。我们必须要求家人、朋友、同事、老板还有陌生人，停止他们愤怒的行为。

虽然这似乎不容易，不过请记住，如果我们区分你、我，认为别人是不同的，那么我们就是在逆抗爱的能量流。爱告诉我们，我们都是有关联的，都是平等的、一样的。

你可以不必相信前世治疗或轮回，你可以认为一切只是隐喻。想象力是丰富的、详细的而且有治疗力量的，只要你愿意相信。

没有理由互相残杀

1996 年春季，我参加墨瑞·波文区（Maury Povich）秀，在摄影机前催眠了好几个人，吉姆是其中之一。他是音乐家，年近五十，是越战退役军人。他在心不甘情不愿的情况下被征召入伍，他痛恨残杀，但是没有选择余地，他被迫从军参加越战。

催眠前我从未见过吉姆。我先向他简单介绍了一下进行程序，并对摄影镜头与灯光所造成的干扰事先致歉。他说从未被催眠过，也不曾有前世经历，但是愿意一试。

几分钟内，吉姆进入深沉状态，开始经历强烈的前世景象。他没有因为摄影机与工作人员的干扰而分心。

“我跟着一队骑兵。”他慢慢开始说了，“达科塔的某个地方……我们……有好多印第安人，我们被屠杀……我企图说服同伴……我们应该光荣牺牲……但……我们没有。”他泪如雨下，一看就知道非常悲伤。

“那是盖瑞。”吉姆在悲伤中闪过短暂微笑。盖瑞是吉姆今生的知己。

“你认出他了？”我轻轻问。

“是的。”吉姆放松了些，“我的朋友，盖瑞。”

“他是你们的一分子吗？”

“是的。”他再度微笑，但眼泪继续流着。

“没有关系。”我试图缓和他的悲伤，“我们会跟同样的人重逢的……你活下来了吗？”

“没有！”

“他们取走我的头发。”他冷冷地说。

“你还看到什么？”

吉姆的声音变得更加悲伤：“恐怖的大屠杀……噢……我们做的事。”

我带他到离开这一世的死亡时刻。“现在从更高的视点回顾，在那个经历中，在那一世中，你学习到什么？”

他沉默下来。我看到他的眼睛前后转动着，好像在扫描什么。事后吉姆告诉我，他正在观看这一前世的全景，恐怖的战争、激烈的暴力全部展现出来。他参与了所有事件，有时候是受害者，有时候是残杀者，有时候是垂死的幸存者。

他一动也不动地坐着。我重复刚才的问题："从更高的视点回顾一生，你学习到什么？你的功课是什么？"

吉姆满眼泪水，而且声音微弱，他的回答让我打冷战：

"生命是神圣的，没有理由互相残杀。"

吉姆所透露的信息，十五年前大师们也通过凯瑟琳传达过。我的心思回到吉姆身上，看到十九岁的壮男被征召投入激烈的越战，也感受到他的不舒服。

他不是某个政治或意识形态的反对者。他必须记住在更深的感情层次里，在 19 世纪末的印第安战争中，那个特别的悲剧性经历。

生命是神圣的，没有理由互相残杀。

第八章

找寻美丽的光

◆ 灵性大师导引 25

现在，我只是感到平静，这是舒服的时刻，团聚必定是舒服的。灵魂……灵魂在这里找到平静。所有身体上的痛苦离你而去。你的灵魂非常平静、非常安详。这是很奇妙的感觉……很奇妙，就像太阳永远照耀着你。光是那么明亮！每样东西都来自光！能量来自光。我们的灵魂迅速到那里，就像磁力吸引我们。太奇妙了！那就是能量之源，它知道如何疗愈。

在濒死经验的研究中，最一致的发现就是美丽、舒服的光。这个光并非脑部受损产生的精神化学作用，而是朝尘世之后的神奇一瞥。通常，我们钟爱而已经亡故的亲友或是灵魂体会现身光中，提供建言、知识或是深深的爱。濒死的人也可能知道了先前所不知的事件或详情，譬如亡者说出他家中珠宝藏在哪儿，遗嘱存在什么地方，以及其他许多家中秘密。复原之后，他们真的发现这些物品，证实了在昏迷中所接收到的信息是正确的。头脑受伤造成的，是对濒死经验的常见批评，如果真是如此，他们又怎么获得正确无误的信息呢？

虽然某些濒死经验的细节，会因文化不同而改变，但感受到美丽的光似乎是普遍现象。在美国，濒死体验者常描述穿越一个隧道后接触到光。在日本，则是渡过河或穿越隧道或是其他种种的穿越，最后发现光。而且伴随而来的也是一种共同的感觉：在光亮中的平静与舒服。

光与爱相互缠绕

我曾办过两天的密集工作坊，参与的人都是专业医护人员，课程结束后我收到一封参与者的信。她感谢我帮助她及其他人体验到这个美丽的光，我相信她们体验到的光，与濒死经验或死亡经验的体会是一样的。当然我们可以在冥想、催眠、梦境或是自发的神秘经历中体验到这种光。

> 她现在 36 岁，但是第一次见到光时只有 14 岁，并深深刻印在脑海里。我现在把她的体验告诉大家，因为她的描述很典型、准确而且直接。
>
> 她在拉丁美洲的天主教学校接受教育，西班牙文是她的母语，不过她的信是用英文写的。
>
> “以前我不知道有濒死或死后体验，或有关前世的种种，想不到九年级的时候，发生了我想告诉你的事。”
>
> 当时整个学校的学生到灵修中心上灵修课，一名神父教她们一些冥想与观想的技巧。他要大家躺在地板上，放慢呼

吸，然后观想在美丽的花园里，四周都是鲜花。这时候她的体验开始转向，独立于神父的引导之外。

“鸟在唱歌，我们都乐在其中。神父的温和声音引导我们游览花园，可是我无法跟随神父的指引与描述。我试了三次，竟然可以走自己的路，而且每次都会遇到井。我觉得神父的声音越来越远，他还在描述花园，没有井……

“我的身体越来越放松，甚至忘了它的存在。这时候我看到自己正探身看井，想知道里面有什么，可是人竟然掉了进去。然后那不再是井，而是隧道。我右手有着小灯。我开始走入隧道：一切都昏昏暗暗的，除了小灯的微光。走了一会儿，我注意到隧道稍左转弯的前方有细小的光线，我每走近一步，光就扩大一点。我热切地想看到那里有什么。

“我走到角落，然后看到了。天呀，太神奇了！它又圆又大，像阳光一样白炽、纯洁。它似乎是密实的，但同时也是透明的！怎么可能？

“我害怕、踌躇，但同时被这无法抗拒的光所吸引。我仍然抓着小灯，想进入这个大光之中，就在面前的充满魅力的光让我情绪激动。我必须进入，了解里面有什么！我要成为它的一部分。我可以在光里指认出阳极在哪里……

“正要进入的时候，我突然听到内心有一股强大的声音说：‘不行，你不能闯进光里！’我仍然记得这股声音的力量。那是年轻男性的声音，可是看不到任何人……

“有一道看不到的障碍让我进不到光里。声音之后，我立刻觉得胸部有很强的力量在推，让我后退，在隧道中盘旋……突然，隧道变成了井，我往上飞升！我快速从井中飞出来，再度看到天空与花园。这时候，我觉得体内一阵爆炸，很急剧，好像灵魂突然返归回来了，因为还不允许闯进‘光’里……”

这时候她睁开眼睛。

“真是惊讶，神父还在描述花园里的花，学生们都很安静，闭着眼，没有人注意到我回来了……”

她太焦虑了，不曾把这个经验告诉任何人，这一直是她的私人秘密。

十二年后，她从报纸上的文章里读到一名四岁女孩的濒死体验。读完后，她“被快乐淹没了”。她知道小女孩能够进入光里，因为小女孩短暂死过。

“我哭了好久。我不再孤单。那个光不是幻想……”

“我再也不曾感受到我的‘光’，那种爱、平静及神圣。在我们这个物质世界，没有任何东西可以拿来相比。我错过机会。”

这名女士目前在医院里为临终的病人奉献，帮他们做调整，进入灵性世界，因为她可以用自己的体验安抚、鼓励病人。她继续说：

“我有机会陪伴临终病人。他们‘看见’去世的父母或家人，在他们的空间中迎接病人。这些病人也向我描述他们离去前所见的景象或经验。当他们‘看见’父母，或是美丽的灵体向他们微笑，心情非常愉快……我知道他将能享受到他们的光。

“我需要，他们也需要多知道如何帮助临终者，因为会有一道光：**我们来自光，也将走进光**。从光与病人那里，我感受到爱与快乐，我知道爱不会因死亡而结束……”

她说得对。“光”与“爱”从未真正结束过，它们亲密地永远缠绕在一起。

无知者见不到光

我曾用这些问题请教大师们，收集到的信息显示，死后体验也极为类似。我们仍然会进入光里，接收到相同的抚慰、爱与宁静。唯一的不同是下一步。**濒死者会重回肉体，但是亡者的灵魂继续前进，继续在另一个世界里学习，一直到选择轮回，重入物质界，进入婴儿身体里**。

等一下会有一些负面的濒死体验报告。我发现负面的濒死体验并非真正的濒死体验，受伤的人在创伤期间意识的起伏变动很大，他可能有部分的模糊意识察觉到实际事件。我并不是说没有负面的濒死体验，而是这样的例子极少，而且真实性还未获得证实。

譬如，我曾催眠一名警察，他在执勤时因车祸重伤。他描述了“恐怖”的濒死体验，他的身体被邪恶的存在物挤压、刺穿。实际上，在催眠中证实，救护车送他进入急诊室之际他有部分觉察力。这段时间，医务人员紧急救护，静脉注射、监看血压、呼吸辅助等等。真正的“邪恶存在物”应该是救他一命的医务员。

当你发现光，发现平静、抚慰、爱，这个美丽体验不会是负面的。我从未发现有地狱这回事，只有不同的无知程度。越无知，光越少。**邪恶是最大的无知，几乎见不到光**。

亲切的光滋润灵魂

前世催眠里，很少出现历史名人或是位高权重者。亨利是个例外。**这一世里，他是大学工科教授**。他的思想、行为很强调逻辑与理性。参加我的工作坊并非出自他本人意愿，而是奉太太之命陪她来的。在命运安排下，他这个矛盾的志愿者发现自己在两百多人面前就要被催眠了。

回溯治疗故事07

亨利：感受到黄色的光

之前团体练习时，他出现鲜明的儿时回忆，详细又带有感情。他愿意更进一步探索自己进入的催眠状态。我想到了一句话，**绝不要只看封面就判定一本书的好坏**。任何人都能进入深沉状态。

他进入得实在太深了，事后对整个催眠历程竟然有失忆现象。不过没多久，他所体验的部分内容回来了。所幸整个催眠都有录音，所以他仍然有机会重新体验一切。

首先，我带他回到三岁。他把球丢到街上，被母亲责骂。捡球时差一点被车撞到。他清楚地感觉到母亲的怒意以及事后大大松了一口气，而且对母亲冲突的情绪有很深的印象。

接下来我们进入前世。他坐着，无视大群观众，回忆大量涌入。他是罗马军团的将军。

"感觉到任何事吗？"我问。

"有。"他很快回答，"我在……在一场战役里。我正在战斗。啊……我像是罗马军的百夫长。我……佩戴着将军的装备……跟我的弟兄们在战斗中，我有战车、战车驾驶兵……在战场中央，我掷矛杀死敌人。我们……我们在……我在指挥。我们的战车载一群人……另外的军人……像日耳曼军人，像北方的军人……进入……我们载他们到河边，河的那一边有陡墙……"

亨利不需要我引导或提问题，他继续提到战场的战略运用。

“看来我们获胜在望。”接着他开始描述自己。

“我穿着盔甲……戴铜盔，盔上有羽饰……有面板的帽盔……穿金属的护胸甲……还围着短甲，从腰部以下到膝盖……”

“掷矛时，我感觉到敌人也把矛丢向我，我……不害怕！”勇而无惧的气魄令他非常惊讶。

“射中我了，射在我这里。”他很仔细，指着右下腹，“盔甲是用新的金属做的……不怕岩石做的矛尖……虽然尖锐，但我的盔甲更坚固。”

“后来我驾车……我叫战车……我们退到后方，因为我们没有必要亲自下场战斗，战斗依然持续。我们在山丘上观战……安全……奥古斯都要我们进入战场，但不宜久留……特别是我们即将大胜。”

他静了下来。很清楚，他们赢了。我决定要让他再往前进。我引导他到生命尽头。沉默持续了好几分钟，然后他又说了。

“我是……我是有钱人，虽然我出生贫穷，但现在我是有钱人，有土地……我看到许多圆柱。我在元老院里，穿着袍子。我是元老院议员。”

“这么说你很有权势了？”我问。

“是的，是的。我权力很大。”他补充说，“但没有恺撒那么大。我只是……我退休了，而且也不打仗了。我只是待在西西里的土地上，而且只是……耕种跟养牛。偶尔我能见到恺撒，只要他到西拉鸠斯来。”

“你准备好要离开了吗……还是有什么要补充的？”我问。

“我看见自己快死了。”他说，“我是非常老的人……我躺在像床那样坚硬的东西上……我看见一堆人围着我，匆忙……匆匆忙忙……我抬眼看，但头在床上不能动……我看见……妻子……然后我死了。”他又沉默了。

“接下来你看到什么？”

“我看……看见自己……我又是生龙活虎的年轻人了。我正在往下看着房间。我很高兴……快乐……我看得到自己。”

“有呼唤声……有人在叫我……有明亮的黄光……黄色光线非常强。我看不透光……但是里面有声音在叫我，所以我走进光里……”

“在光里感觉非常好，温暖的能量围着我。感觉非常舒服，像是理想……理想的气候。我仍然穿着元老院议员袍子……但是我年轻……再度年轻。”他再度停顿。

“在这个状态里，你还有什么想告诉我们吗？”我问。

“接下来发生什么……我不知道……不知道……这就是最后我所能记住的。”他慢慢地说。

我把亨利带出这个深沉的状态。

“有什么感觉？”我问。

“觉得很好。”他说，“要开始了吗？”亨利最后的有意识记忆，是在我开始要催眠他之前，那已经是 45 分钟前的事了。

一星期之后，亨利的朋友告诉我，亨利觉得好极了。**催眠让他觉得比以前更平静、更快乐。**

我露出微笑。**当人可以那么直接、那么深入地回想起自己的神性与不朽，许多恐惧都消失了。**毫无疑问，好几个世纪以前亨利曾在罗马帝国生活过。然而**比前世更重要的是，当人回想起离开身体后遭遇的那道美好光线，不只恐惧消失，那种超越的快乐与舒服感，更让我们感动不已。**这是一道亲切的光，它滋润我们的灵魂。亨利感受到这道光。

他的光是黄色的。有些人描述为金色，另有些人说很难描述，它是各种颜色共存的，不过光线充满着爱，令人舒服。

在关爱中回顾一生

死亡并不是众人以为的那个样子。**死亡是脱去身体外壳，让不朽的灵魂前进到另一个世界去。从这个角度看，根本没有死亡，只有生命与爱。而光更是普遍存在：是永恒、无所不包的爱的显现。**

濒死体验的研究者，穆迪博士（Dr. Raymond Moody）与库伯勒罗斯博士，他们常描述“一生回顾”现象。一个或好几个智慧与关爱的灵体帮助你回顾这一生的所有事件，而且特别着重于你的关系，你如何与别人相处。

根据病人回想前世死亡的探索，我发现病人的死亡体验与他们的研究一模一样。一生的回顾是在关爱的气氛中进行的，既没有审判也没有批评，而是你有很深的情绪感受，包括自己与别人，然后你在很深入的层次中学习到功课。

比如说，如果你在别人有需要时，真正帮助了他，那么你感觉得到他对你的爱与感激。但是如果你伤害别人，无论是感情上或肉体上，那么你就会体验到他们的愤怒。

这是多么美好的学习机会。

然后，你跟陪同的灵体，可能是关爱的引导者、大师、天使等等会计划下一世，让你有机会改正做过的错事。我们总是不断成长、学习。

当你不必再轮回，学习完所有的功课，还清业债，那么你就有选择的机会。你可以自愿重返人间，提供爱的服务帮助人类。或者你也可以停留在另一个世界，在灵魂状态下帮助别人。在这两种状态中，你都是在往天堂之路前进。

其他界面

◆ 灵性大师导引 26

人类一直以为他们是唯一的存在，这是不对的。还有许多的世界、许多的空间……许多许多的灵魂……

在这个空间里有许多灵魂，我不是唯一的。我们必须有耐心。这也是我还没有学习到的……还有许许多多的空间……

我曾在不同时间到过不同界，每一界都有更高的意识层次。我们到哪一界去，取决于我们进步了多少……

这个星球的人比以往多很多，可是灵魂比人更多。这不是唯一的世界，灵魂存在于许多空间里。越来越多的灵魂被这个星球吸引，因为在众多的星球学校中，我们的学校非常“热门”。这里可学习的东西太多了。

我所谓的其他空间，是指其他的能量状态，或是不同的意识层次，而不是指宇宙中的其他星系或银河。天堂也可以说是另外一种空间，因为能量转化不是三度空间意识所能体会的。

我个人相信，爱的能量既有物理属性也有超物理属性，而且存在于所有可能的空间里。**爱是一种结合物，结合所有的空间以及物质界之外的所有界**。

在某个空间或某一界里，有许多“副层次”存在着。换个方式说，天堂有许多层次。我们一步步朝着更智慧的层次前进，逐渐成长。

就某一角度而言，我们都是外星人。我们没有一个人是在这个星球土生土长的。这个星球像是高中，层次不是最低的，当然也不是最高的，但是它是非常热门的学校。从这里毕业后，我们会到别的地方去。不过，在整个宇宙中，灵魂都是一样的。

罗伯特是一名年轻的服务生，目前这一生里有许多困境，长期患有忧郁症。他一直找不出生活乐趣，他也有财务困扰，而且害羞，两性关系交了白卷，因为小时候曾被伤害过。他表情冷淡，这种情绪一直写在脸上。

在深沉的催眠状态中，他进入了花园或是热带丛林。他立刻滴落快乐的眼泪，几乎说不出话。以他的个性，从来没有这种情绪的表达。

"有什么感觉呢？"我问他。

"那是……是丛林的景色……是'家'……家。"他慢慢地说，带着情感。

"你似乎有很深刻的感觉，到底是什么？"

"无比的快乐……"他的眼泪不断顺着脸颊滴落。

他讲不出话来，所以几分钟后我唤醒他，希望他能在意识状态下多描述些。没多久，他镇定下来。

"你体验到什么？"我问。

"我看到非常像天堂的景色……苍翠繁茂而且闪耀明亮……那里没有人……"

"为什么有那么大的情绪作用？"

他似乎不容易回答，因为还沉浸在感动体验中。最后他开始说了，很简短。

“我觉得那是一定的，某一天我会回到那里。我有一种感觉，我知道我以前去过那里，而且那正是我要去的……所以凡事我不想太仓促，我想要感觉所走的每一步。”

几天之后，他解释了在回溯经验中所感受到的熟悉景色，以及难以置信的宁静与安全。他还是很难形容那个天堂般的丛林。这一次，并不是因为感触太深而说不上来，而是因为语言文字很难正确说明当时的美与快乐，这个体验太庞大了，莫可言状。

我认为，罗伯特在催眠中是灵性体验，而不是前世回想。

罗伯特那个强大的欢愉，是由丛林景色所唤起的，不过缺乏细节的描述以及生命的成长。但至少他重新体验到回家的喜悦。**三度空间的地球并不是我们真正的家，我们是灵性的存在，所以我们真正的家也是灵性的，那是一个许多人称之为天堂的永恒之地。**

第九章

医治灵魂的人

◆ 灵性大师导引 27

必须与其他人分享我们的知识……我们的能力比运用出来的还强大。

你们通过关系而成长。有些更有力量的灵魂带着更丰富的知识回来了。他们会找寻必须成长的人，并帮助他们。

在这个我们称之为地球的单一教室的学校里，我们不是同时学习所有的功课。例如，也许我们已经能掌控同情与仁慈的课程，但是在耐心与宽恕方面，我们尚属初学者。我们在信念与希望方面可能是研究生，但是在愤怒与非暴力方面却是幼儿园里的孩子。

同样，前世中我们可能已经习得某些才能与技巧，但某方面我们仍然是新手。另外有许多人已经可以掌控某些技能，他们来这里，就是要与我们分享这些知识。可是在另外一个领域，我们的角色转换过来。因此，我们既是老师，也是学生，我们必须与别人一起分享知识。

治疗一直在秘密进行

许多医生所以选择这一行是为了彰显他们的治疗能力，帮助并教导他人。反过来说，一名有智慧的医生，必须随时敞开自己，向他的病人学习。病人可能教医生有关爱、勇气、内在平静等等我们来这里要学习的课题。这样，医生与病人才能双赢。

一天傍晚，我的一名病人进入诊疗室，抱怨连连，说她打了一针破伤风针并感染了。她的手臂肿起来，注射的部位发热、疼痛、长硬块，她刚刚在医院过道遇上内科医生。医生要她明天去接受抗生素治疗。

“这种情形要用抗生素。”医生说，“否则会越来越糟。”

我决定用催眠帮助她。她立刻进入状态，我引导她用治疗之光，照射在手臂的感染部位。我也引导她观想，增加血流量到感染区进行清洁，并带走受损的细胞，消灭有害细菌。她灵活想象生出健康的新细胞，而且病痛完全消除。

诊疗结束，疼痛不见了，而且感染区不再发热。我一点也不奇怪，因为很早以前催眠就是用来减缓疼痛的技巧。病人临睡之前，肿块已消了一大半。第二天早上，她的手臂几乎恢复正常，完全看不到感染。

她还是依约去看那名内科医生。

“你的手臂怎么回事？”他大表惊奇，“感染不可能凭空消失！”

“可能是自然好转吧。”她保留秘密。

她知道这样的解释他会满意。这位医生生性保守，对非常态的辅助性疗法不太能接受。如果病人说是因为催眠中的观想，恐怕会被嘲弄一番。

疾病不会真正自然好起来。只是我们察觉不出底下的功能运作，只能说，强有力的治疗力一直在“秘密”运作，疗愈身体损伤。

从治疗中学习

早在西格博士（Dr. Bernie Siegel）成为国际畅销作家之前，我就认识他了。

他是耶鲁新港医院的外科主治医师。他在新港开业时，我还是耶鲁的医学院学生，曾在外科实习。我之所以选择到私人外科诊所实习，是因为这里的医生比较有效率，也比较风趣，而大医院的全职医生比较权威、比较挑剔，也比较严苛。西格博士的合伙人席勒医师，写出好几本畅销书，更是特别有趣。他们对病人不只是缝缝针而已，还会讲笑话、朗读诗句、说故事——他们真的是非常风趣的人。除此之外，他们也都是技巧极为娴熟的外科医师，我从他们那里学到非常多的外科医术。

这一时期，没有任何医生知道，某些全身被麻醉的病人仍然听得到医生的交谈、笑话或是互相挖苦。现在大家都知道有这回事了。最近西格博士在迈阿密完成工作后，我跟他聊了一阵子。我们认为，当时说的笑话与互相挖苦无伤大雅。顶多病人可能想：西格医师为什么要讲笑话？专心一点，注意我的身体，这对我是很重要的。

不过，能在手术台上听到笑话，总比听到悲观的病情预测，或是手术可能造成的永久缺陷强多了。如果病人无意中听到医生的这些悲惨预测，他可能信以为真，甚至放弃自己，无法面对真正的身体残障。

在血液分析与各式检验中，医生们还可以经历更深入的“化学作用”。

许多医生都很忙，压力大，太过于专心自己的业务，患得患失，甚至贪婪，所以没有时间倾听病人诉说，搭建好医患关系。这是很悲哀的。医生否定病人知的权力，也否定病人从治疗中学习的机会。由于对人与人之间的关联缺乏真正的感激，所以医务人员变得呆板、机械化。医生们开始觉得匆促、时间不够用，而病人也觉得草率、没有被好好照顾，觉得医生只关心疾病或器官（甚至更糟糕，只关心金钱），而不是关心患者整个人，把患者视为友人。病人的人权与尊严遭到侵蚀。

所有的医生如果愿意花时间倾听病人，从病人那里学习，一定会有很深的感动。许多医生曾告诉我他们的“不寻常”个案，这些个案所触及的领域，是他们在医学院不曾学习过的。

飘浮在医生上面

迈阿密的一位非常出名的整形医师，提到一个极为特殊的案例。虽然已经过了好儿个月，但是惊异表情仍挂在他的脸上。

病人因车祸而重伤，头部受创严重，脸骨碎裂，还伴有其他内伤。虽然已经经过急救医疗，但是没有人预料到她能存活下来。

这名医生吩咐家属准备后事，这时候病人飘出体外，她发现可以听到医生与家属在远方的讨论，她无助地看着家人悲伤不已的画面。她飘着，目睹一切。

“我没有死！”她大喊，可是没人听得到，她很有挫败感，而且医生对家人说她必死无疑，也令她相当气愤。她飘回自己的肉体里。急救人员不断努力，加上她坚强的求生意志，医生不敢相信的奇迹式复原发生了。“从来没有受伤这么重的人，还能活下来。”这位医生连说了好几次。事后，她正确说出医生与家属的交谈内容。她不仅没死，康复速度更快得惊人。骨头与组织的修复进度，是一般人的好几倍。

一名上了年纪的女士因糖尿病而眼盲，住院期间心脏停止跳动，当时我是精神科主任。抢救小组急救时她已昏迷不醒。根据她事后的描述，就在医生们匆忙给她插入各种管子时，她飘出身体，站在窗旁看着。医生重击她的胸部，并把氧气输入肺部时，她静静观察，感觉不到丝毫痛苦。这时候，主治医师的笔从口袋落出来，滚向灵魂站立的窗子。没多久，医生走过去捡起笔，重放回口袋，立刻再加入急救行列。他们成功了。

几天后，女士告诉主治医师，她观察到整个急救过程。“不对！”他安慰说，“那可能是幻觉，是缺氧症所引起的。当心脏停止跳动就可能发生。”

“可是我看到你的笔滚向窗户。”接着，她描述笔的形状，以及抢救时的细节。

医生非常震惊。因为病人被抢救时不仅昏迷，而且她的眼睛已经瞎了好几年。

除了眼睛，我们还有许多方式可以看见。

一名患者动完重大手术，在恢复室醒来后放声尖叫，极度焦虑。她的医生请我去看她。手术时她全身麻醉，开刀过程完全不省人事，血压与心跳异常，呼吸则完全由麻醉师控制。

她也飘浮在外科医师上面，并注意到自己的异常血压与心跳，也注意到麻醉师担忧的声音，她飘过去，细看他做的标记。

在恢复室醒来后，之前所注意到的异常让她非常惊慌，她可以描述手术时麻醉师的图表。其实开刀之际她已昏迷，更何况醒来后她也不可能看到图表，因为麻醉师标注的时候，一直背对着她，而且将近一尺远。

有一名急诊室医师，排队等我给新书签名，足足等了 30 分钟才告诉我他的故事：

一名被蜜蜂叮的病人突然休克。这是一种致命的过敏性反应，会造成血压陡降。送入急诊室后各种急救器材全用上了，但医生认为病人已在死亡边缘。

这名病人随后报告说，被推入医院后，她一直飘浮在身体旁边。她听到急诊室里医护人员的讨论、吼叫、骂脏话、期待、焦急等等。她也“看到”他们的表情、衣服、做什么事，虽然她仍在昏迷中。她奇迹般的恢复过来，医生也证实事后她所观察、回忆的事件与对话完全正确，而有些事件还发生在不同的诊室里。

从病人的体验中学习

病人临床上濒死时灵魂离开身体，这样的事件我听太多医生讲过了，我实在无法从医学或生理学观点去解释。他们都是受过高等教育，有逻辑思考能力，相信无神论的人，而且这些医生都受过严格的医学院训练。他们异口同声地告诉我，病人虽然昏迷，却离开身体，能“听到”、“观察到”远方的事情。

我不再相信这些情况是凤毛麟角。大部分的病人并不愿意说出实情，因为他们害怕医生说那是幻觉或认为他们不正常。他们何必冒这种险？而且，医生又何必冒险分享他们的经验？许多精神科医生很怕在公开场合谈论他们的回溯经验。我曾接到数百名精神科医师的来信或电话（再加上心理分析师、社工人员、催眠师、临床护士或其他治疗人士，甚至有好几千人），他们告诉我正在做前世回溯，“在办公室秘密进行”，或“很秘密，从未告诉过同事”，时间从五至十年不等，更有超过二十年的。

他们有成千上万的个案，以及珍贵的资料、细节、事实，这些都有临床上的价值。还有更多证据，许多来信描述了详尽的前世回想，包括姓名，在另外城市的生活详情，有些病人从官方记录中发现“旧有”的名字，而他们发现名字的地方，这辈子从未去过。更有些病人找到自己的墓碑。

公开这些资料是有潜在风险的。医师们害怕好不容易建立的声誉、家人安全、社会关系等毁于一旦。我了解这种疑惧。我也是等了好几年才鼓足勇气公开我的发现。

由于医生有一定的公信力，他们的发现被当真的可能性更大。这样做可以造福千百万人，同时也对自己有好处，分享灵魂脱离身体、濒死体验，或是奇迹疗愈、前世回忆与治疗的重要性不亚于分享“传统”的医疗研究成果。知道得更多，才可能帮助更多的人。除此之外，从病人的这些体验中学习，医生的个人生活以及行医生涯必定更快乐、更满意、更圆熟。

我知道得很清楚，因为我就是见证！

替中国医师做回溯催眠

大部分的医生都有濒死经历与灵魂脱离身体的故事可讲，比前世故事还多。这种情形很正常，因为医生常会遇到病危的患者。

不论病人遭遇的是灵魂脱离、濒死或是前世体验，疗愈的过程都很相似。病人的生活都转化到更积极的方式，而生理或心理疗愈也更加快速。

这些都是意识超越肉体与头脑的明证。意识在离开肉体后会张开，感受到的声音与色彩更灵动，灵魂之旅的目的也更明确。我们的灵性本质彰显出来，这时候，我们理解自己是充满智慧的不朽存在体，有着无限的爱与同情。奇特的是，在这个似乎是分离的时候，身心联结反而更强大，至少更能被掌控。我们的心灵通过觉知力与意志力，把能量传送到修复的身体部分，疗愈因此发生了。

已经好几百年了，亚洲的中国、日本、韩国早就知道治疗能量会在人体内运转。他们可以开发这种能量，甚至控制能量的流向与强度，他们把这个能量称为“气”。这些东方文化培养出许多身心联结的专家，我非常幸运地曾与他们中的一些专家共同合作过。

在两个不同场合里，我曾替中国来的医师做回溯催眠，他们都是气功治疗的大师级人物。

第一名医生是纽约大学物理系的实验对象。纽约大学之所以请我出面，是因为我的书很畅销，我的知名度很高，而且我也是医生。

这位医师不会英文，所以我们聘有译者。他对我的催眠很好奇，想知道与他自幼学习的气功是否一样，所以请我示范。很快，他进入深沉催眠状态，体验到有趣的前世回忆。

事后他发表意见说，我们的技巧很类似。然后他问我是否我也看到、体验到他的前世景象，就像一起看电影一样。

“不行。”我回答说，“有时候，我有预感将发生些什么事，但没办法看见你心灵里有哪些事在发生。”

“真可惜。”他通过翻译说，“我的老师可以。”

另外一次，一位很出名的中国医师到迈阿密看我，并示范惊人的气功治疗。礼尚往来，她也请我示范前世回溯，我答应了。这名女医师也不懂英文，凡事都靠译者。

她进入非常深沉的状态。没几分钟，她就回想起一百年前在旧金山的前世景象。在回想期间，她竟然用流利的英语说话。

那名专业译者非常敬业，立刻转译成中文。我看了他一下，示意这是画蛇添足。他意会后表情惊讶。

他想不通，女医师不是一句英文都不会说的吗！

超越自我比修补自我重要

精神分析或以精神分析为导向的心理治疗已迈入穷途。他们的治疗技巧已经过时、缓慢且效果不大。他们的语言已经不符合时代要求，缺乏打动人心的穿透感。这种心理治疗没有鲜血，只剩硬壳化石，只是尘土。很少人愿意接受这种一次又一次缓慢、冰冷、有距离的治疗，即使治疗师本人也受不了。在传统心理治疗里，精神官能症被取代了，外在的“功能”而非内在的平静与喜悦是治疗成功与否的判断，结果个人或社会毫无转变。

这些治疗者经济拮据就是证据，一般人负担不起一次约 50 分钟、一星期 4~6 次的分析，而且历时 3 年，有的长达 20 年。即使一星期看一次医生，大多数人仍觉得负担沉重，而且保险政策与医疗照顾对这方面的给付更是限制严苛。

弗洛伊德与他的弟子们对人类了解心灵的功能、潜意识的存在、儿童期性虐待、梦的解析等等有相当重要的贡献。但是心理分析却没有灵性的根，不能释放人类的灵性本质。弗洛伊德本人或许看不到自己理论的极限，但是他的弟子们却把理论演变成纪念碑。

荣格是那个时代踽踽独行的先知。他了解神秘、灵性、自然，不过，他却被雕琢纪念碑的人围攻。

心理分析与传统心理治疗的最大缺陷，就是要修复“自我”(ego)。“自我”是“我”的执行功能的一个部分，要整合、处理日常现实问题。“自我”就是日常生活的心灵。我们日常的心灵是逻辑的、理性的，必须做决定，并运用思想的记忆计划未来，同时担心未来，追悔过去。日常的心灵不停地判断、设想、回顾过去，提出“如果……”的疑问。很不幸，大多数的心理治疗师常常想修复受损的“自我”。我们的“自我”伤痕累累，就像他们所看到的一样。这些伤痕是因为父母的不当管教、童年创伤、婴儿期的身体限制等造成的。而这些治疗师一直要抚平、修补这个“自我”，甚至抬高“自我”的身价。但是，真正的情况应该是我们必须学习超越“自我”。

难怪我们魂不守舍。如果“自我”没有受到控制，日常生活如何运作？我们如何活下去？答案非常简单。传统的治疗师陷在某个幻觉里，那就是功能作用是最终目标，然而内在的平静与喜悦却更为重要。如果能降低对功能的关注，减少对这个病态社会的配合，不再汲汲于获得，担心别人对我们的看法，那么我们内在的喜悦就会慢慢增长。心灵把我们套牢在过去与未来，不断烦恼、分析、设想，“自我”让我们无法真正活在当下，让我们爬不出习惯的窠臼。如果过去的种种偏见、假定、限制不断挡在路上，我们如何“看清”真正的当下存在？为了拯救自己，也彻底地拯救世界，我们必须控制好这个“自我”。

本质上，心理分析是非灵性的。它只是无效的学科，没有教导不朽、死后的灵魂以及生命的真正价值。如果它真的出现疗效，也只是因为治疗师以关怀同情亲近病人，正是这种真实关系疗愈了病人。

单有处方药物，会忽略灵性

生物的精神医学也有不足之处。治疗忧郁、心境起伏、精神疾病的新药物，是达到目的的方法，而不是目的本身。太多的精神科医师只开药物给病人，其他则一概不管，这是巨大的浪费。药物可以帮助病人“进入”心理—灵性的治疗历程里，这样的历程是一定不能省的。脱离了这个历程，就是脱离了整个治疗本质。

除此之外，多如恒河之沙的自助书籍也令人担忧。我希望治疗是非常简单的，但不应该“速食”化应景或应急。要达到喜悦满足的状态是困难的，而要维持这个状态更加困难。

不再重蹈覆辙是艰巨的工作。探索内在，真正了解自己，加强透视感与超越感，这些工作需要耐心与不断实践。这是遥远、艰辛的旅程，不过却很值得。真正的快乐需要了解死与生、爱与原谅以及灵性本质。内省、冥想、爱的服务、慈悲、宽容，这些都是沿路所要踏出的每一步。练习原谅自己与别人，不采取暴力，诸善奉行，消弭愤怒、恐惧、贪婪、自我中心，以及虚假的傲心，这些也是要踏出的步伐。

医治灵魂的革命

许多治疗师拒绝回溯技巧，特别是前世回溯。已经有太多临床医疗者不断证明，**回溯治疗让患者的心理与生理获得改善，而且症状会快速缓解或消失**。**不论是一回合诊疗或十回合，回溯疗法的效果持久，而且会转化生命**。灵性成长、智慧、内在的平静也因临床改善而伴随出现。

我个人认为，医务与心理治疗的政策制定者不愿评估，也不接受这种更快速、更便宜及更安全的新疗法有两大理由：第一个是恐惧，第二个是经济因素。

我们都知道，对未知的恐惧会封闭人的心灵。他们不愿意承担合理的风险，尝试新方法。尽管新技巧有更大的疗效，省钱、省事，但是治疗师们仍不愿去学习。由于恐惧，助人的本能被扭曲了。真正的问题是：他们为什么害怕？

至于经济因素，那是因为疗效迅速而持久造成的。把医疗当成做生意的人，对这个效果担忧不已，因为疗程缩减，复发率极低，代表着金钱收入的减少。可是灵性治疗带给治疗师与病人的喜悦、满足，远远超过焦虑与恐惧。

就像我之前提到过的，整体的以及辅助性治疗技巧正横扫医疗体系，扩展健康照顾的新远景。推拿疗法、催眠、针灸、草药、生物能量疗法、冥想、瑜伽、按摩，以及其他许多替代性治疗渐渐成为主流。最后，传统医药与辅助治疗终将交流、平衡，让专业的医护人员治疗整个人——他的身体、心灵与灵魂。

这个变革不会是暴风雨狂扫旧体系，而是微风袭来。传统医疗与整体技巧必须保持和谐，这样才能针对病人的需求与症状对症下药。

如果治疗者能够对“另类”技巧保持开放的心灵，能用同情、技术、关怀实践治疗的艺术，而且最重要的是，能够像治疗身体一样治疗灵魂，那么，我们就能够享有真正的健康。

第十章

灵性导师的启示

◆ 灵性大师导引 28

我们同时也要学习，不只是走向与我们有相同感应的人。与我们层次相同的人，感觉到他的吸引力是很正常的。但除此之外，你也要走向那些感应与你不同的人。这是很重要的……帮助这些人。

我们的路是向内的。这是一条更艰难的路，也是更费力的旅行。我们要为自己的学习担起责任。

智慧的导师走入我们，指示方向，减轻我们灵性之旅的负担。很不幸，我们之中也有很多假冒者。无论是受到自负、自我、贪婪、不安全感或是其他自私力量的驱动，他们带着伪装的导师或大师的面具出现。他们告诉你该怎么做，可是自己言行不一。很清楚，跟随这种人是危险的。可是充满爱，带着开放心灵的我们，如何从一堆粗糠中挑出精麦呢？

最大的关键是运用自己的直觉辨别真假大师。你觉得他的教导受用吗？他们有爱、有慈悲，而且不用暴力能降伏恐惧吗？他们能广纳别人，而且认为人是走在相同的命运之路上的神圣灵魂吗？他的教导不分愚智贵贱，认为我们是同一条船上的命运共同体吗？他们是否表明只能为你指出路向，无法“带着你”进入灵性的圆满境地？只有自己才能到达目的地，因为**这是一条向内走的回归之路，是返本之旅**。

灵性导师可以教我们方法与技巧，能增进我们对生、死、灵魂规划的理解，也能助我们移除恐惧与障碍。他们会指出入口，但是只有我们才能穿过门。

因为天堂在我们内心，所有的欢乐与喜悦源自内在，我们不会被某个人拯救。体验了真实的爱，觉醒之后，我们才能“救”自己。

著名的喜剧演员威尔森（Flip Wilson）饰演的角色杰若订（Geraldine），只要做了罪恶或自私的事，他就会站着，双手放在屁股上宣布：“是魔鬼让我做的！”这是多么强有力的投射。这种不必为自己行为负责的想法实在太诱人了。指责外力的脱罪手法，真是要不得！

冥想爱，成为爱

有些人责备命运。虽然我们依照事先决定的计划旅行，但是命运不该为我们的行为负责。如果我们该为负面与伤害的行为负责，我们也要为正面与爱的行为负责。没有人可以代替我们。没有任何魔鬼能害你，也没有任何导师可以救你。

在西雅图参加会议时，我听到杰出的神秘主义学者珍·休士顿（Jean Houston）对盲目跟随导师的人提出警告。

“记住，”珍说，“导师是魔咒，‘你呀，就是你’。”

第二天，一件意外的事令我惊讶不已，《名利场》（Vanity Fair）杂志出刊，称我是迈阿密的导师。

回溯治疗故事08

魏斯医生：我的冥想体验

有一次，白天将近尾声，所有的工作人员已经下班，办公室融在夕阳的余晖中，非常安静。我进入很深的冥想状态里。今天是以挫折收尾，这几年来，我发现在黄昏时刻找个安静地方冥想，可以让我平静。

那一天的最后一名患者一直无法找到前世回忆。她一直无法放松，进入更深的意识里，甚至在放松过程的某一关键处，变得非常不安。她常不由自主地回到意识状态，然后恳求我领她进入更深的状态。

这名女士是饥渴的读者，读过非常多的形而上学的书籍与文章，也参加过无数的“新时代”研讨会与工作坊。她阅读，也目睹别人的经历，可是自己到现在都无缘体会。她拼命想要有属于自己的体验。

后来她读到有关赛巴巴（Sai Baba）的书籍，赛巴巴是印度非常出名的导师。她曾考虑是否要去印度亲访赛巴巴。也许赛巴巴可以帮她走出死巷。

在这个安静傍晚的冥想里，突然，有关这名受挫病人的信息与影像流入我的意识。

“我们的任务不是去追随赛巴巴。”这条信息说，“而是成为赛巴巴。”我耐心等待更多的信息。

“他是爱的行动者，你们也必须成为爱的行动者。她今生的任务是示现爱的服务。”

这时候，我开始看到病人的前世景象，像万花筒在我面前闪逝。我看到好几个隐修的前世，她之所以受挫的答案越来越清楚。

好几个前世里她都是独处的，是修士或修女。她熟悉往内走的艺术，冥想可以达到很深的层次。但是今生中，她必须活在真实的世界里，活在人群中，活在困难中，并去帮助这些人。她必须以公开的方式表达爱与同情。

所以，一个阻碍已经放在她的冥想里，以免又重走老路进入内在领域，因此忘掉此生的灵魂目的，忘掉要在这个世界、在人群中行动。

第二度诊疗时，我把这个冥想体验跟她讲。她松了口气，宛如肩上的重担被卸下来。她不是失败者，只是依照今生所选的道路前行。

“亲自到场，直接助人”就是她走向人间的态度。她开始当义工，帮助穷人与游民，而且为慈善团体筹款。她这辈子没这么快乐过。

更奇妙的是，当她不断推行慈善工作，冥想能力也找了回来。她感觉整个人平衡起来，然后我们的诊治也自然告一段落。

“我们的任务不是去跟随赛巴巴，而是成为赛巴巴。”

答案未必是答案

◆ 灵性大师导引 29

每件事对你而言，都会自然清澈起来。但是，你必须消化我们早已给你的知识。

多年前，我在洛杉矶一场“新时代”的大型集会上演讲。将近四千人付费进场，聆听各式各样专家的演讲，从严肃的大学教授、科学家到伺机叫卖商品的投机分子，物理学者与各教派领导人龙蛇杂处。我非常迷惑。你该如何鉴别这些人的良莠？我真想保护这四千人。

首先，排除挂羊头的人士很容易。其次，95% 的演说者的信息既不是与潜意识心灵的沟通，也不是超越的。第三，会场里虽有数百个亭子贩售琳琅满目的水晶，但我有能力无视它们的存在。只能说，大会播放的音乐很好，人也特别友善。

我参加过很多的演讲与工作坊。有些演讲人很出色，特别是科学家，他们教导很多清晰的东西。有些人很恐怖，他们奇说怪论层出不穷，可是却没有研究或证据佐证。我试着观察听众的反应，结果令我气馁：太多人只是点头，毫无异议，就全盘接受。

这四千人之所以来参加聚会，大部分人是因为想要在生命中增添什么。有些人希望他们的灵性或直观经验能获得证实。他们想要新的经验、新的启悟。他们想成长，想受到激励。他们跟我们一样，都想要发现获得平静与喜悦的方法。但是，大部分的人却把批判的心灵留在家里。

我真希望能对这四千民众演讲，我要告诉他们，停止向外找寻迅速疗愈与有所得的答案。我要告诉他们，应该往内找寻。现在，对这四千名渴望改变生命的人，我的忠告是：

> 提升自己的灵性，多花点时间祷告，帮助别人，爱别人。自愿服务，并表达宽容的爱。排除傲心、自私、愤怒、内疚、虚荣、野心。减少累积财货的时间，少去担心过去或未来，不要伤害别人，不用暴力解决问题。
>
> 在你还没有用直觉的智慧探触之前，不必急于接受任何观念。某个说法鼓励爱、仁慈、平静、整体吗，还是促人脱离、破裂、仇恨、自私自利或是残暴？
>
> 你是不朽的。你来这里是要学习，增长智慧，成为像神一样的存在。你在这里学习的东西，会在死后带走，其他什么也带不走。一切就是这么简单，天堂之国就在内心。不要再去找寻导师，反而要发现自己。不用多久，你就能找到真正的家园。

第十一章

你是有人类经验的灵

◆ 灵性大师导引 30

在灵体状态，学习更加快速。但是，我们选择学习什么。如果我们需要回去修补关系，我们就会回去。如果任务已完成，我们继续成长。在灵体状态中，你随时可以接触肉体状态的人，只要你去选择。但是先决条件是你有重要的事情……你要说的是他们必须知道的。

有时候，你可以出现在他面前……用你存在时的样貌出现。其他时候，你可以用心灵的方式接触。有时候信息是隐秘的，不过通常对方知道相关含意。他们能理解心对心的接触。

根据我对数千名患者的研究经验，以及对某些真才实学的通灵者的调查，很明显我们在宇宙中并不寂寞。在这个物理世界之外，还有“不可见”的世界居住着无数的灵体，他们有不同的能力与层次。有些是高度进化的，有些进化程度不高。有些在地球上拥有生命，另有些已经“毕业”不必再回来，除非是为了帮助人类，选择重新回来。但是仍然有很多没有在物质界化身成人形，他们在另外一边帮助我们。

称他们为灵魂、天使或是引导者都无所谓，那只是名称不同罢了，的确有无数轶闻显示他们的存在，而且各种不同的宗教、文化收集这些轶闻已有好几个世纪。

婴儿或幼儿经常察觉关爱的灵魂或是关爱的能量在他们左右，不过他们沟通技巧有限。成人大多不愿相信他们，并把他们的观察与感受归为想象或幻想，可是他们察觉到的东西是非常真实的。

当我们死亡，离开身体，就会进入非常舒服的意识状态。我们爱得越多，越有智慧，那么在另一个世界的进步就越大。

你是有人类经验的灵

我的病人在深度冥想或催眠时所传达出的知识都非常类似，这一点常让我觉得不可思议。无论他是高中辍学的学生、核子物理学家，还是律师、职业运动员，他们所讲的灵魂状态，在地球的生命目的，这些东西都一模一样。他们的相同经验提供了极大的可信度。

我必须再度强调这些发现是数百名病人的临床累积，它们有极大的相似性与关联性，在统计学上有重要的特殊意义。

某些特定人士有更大的本领能与灵魂沟通。美国出名的通灵者艾格·凯西（Edgar Cayce)就是例子，他留下来的资料已经被研究分析。我们都知道东方有些人是预言者，有天眼神通，有类似能力的人西方世界也有。我有幸遇到过一些，甚至进一步发现他们的能力可以确认患者所提供的经验。

我是以一名受过专业训练的精神科医师的身份来评估我的遭遇，分析与开放的心灵是完全相容的。我曾遇见能力不凡的人，也碰到技巧不高明或是不懂装懂的人。

灵魂跟人一样也有不同的水平。层次低的灵魂可能传送误导或有害的信息给能力有限而且灵性没有太多成长的通灵人。另外，灵性发展较高、不会别有用心的人似乎更容易接近层次较高的灵魂。

如果你有幸遇到能透视未来的人，或是智慧导师，而他们的动机只是助人了解自己的心、治疗他人、协助人们走上灵性之路，那么你的意识就会有深度的转化。而且整个世界也会不一样，会充满不可见的帮助者，同时你也能沐浴在爱的能量之中，改造及振奋你的灵魂。

然后，你可能自发地体验生命转化事件：梦境、似曾相识的体验、天眼通、超能力（包括濒死体验）等等，并导致生命的永恒觉醒，透悟存在的真实本性。冥想可以增加这个经验的发生可能性。

但是人类倾向于忘记或理性化，轻估任何“不像是真实的”、“离奇非凡的”经历。甚至，我们让“逻辑”的心灵删减经验中的灵性意义。曾经有人说过，我们所谓的巧合其实是神的安排。

我无法为每个人做回溯催眠，也无法训练足够的治疗师为全世界的人催眠。但是我可以与各位分享这些真实的故事与体验，再次提醒你认识自己的灵性本质，以及周遭随时都有爱人、助人的能量。

基督教神秘主义教导我们：你不是有灵性经验的“人”，而是有人类经验的“灵”。

在探索人类心灵与意识局限性的过程中，我曾遇到一些有特异能力的人。有些人不是通过五个感官而获得信息，他们似乎拥有第六感，内在的觉知力或直觉。用这种方式获得的信息有时非常正确。

有些人有通灵能力，可以传送或接收“另外世界”的信息，无论那是灵魂引导者、亡故的人，或是身体与头脑之外其他的意识源。

有这种天赋能力的人不会欺骗或变把戏。他们知道人类概念运作下我们所不知道的事情，他们的能力是真的。

另一方面，在通灵的领域中充满骗子及诈财者、滥竽充数的人，所以鉴别真本领或骗术非常重要。

判断灵界信息的真伪

下面是一些帮助你分辨真伪的规则：

1. 每个人都有通灵与直觉能力，这些能力远远超乎我们的想象。用你的直觉智慧小心评估通灵所提供的资讯与材料。如果你觉得某些信息不太对劲，也许就是错的。你也是通灵的人。

2. 灵媒接收到信息之后，必须经过他的处理，才能再传送给你。因此，这些信息可能会有些扭曲，而扭曲程度因他们的能力而异。灵媒也是人，即使是天生就有通灵能力的人，也会因个人的困扰、心情、愿望等等的干扰而传送出扭曲的信息。

3. 有诈财嫌疑的通灵人通常会收取昂贵的费用，要你依赖他的消息，并自夸他的特殊能力只此一家，或者自称是大师，要你跟随。如果你看破他的伎俩，早抽身为妙。

南美洲有一些天赋异能者或治疗者很让我钦佩。他们还有其他的正常职业，可是会去帮助穷人或需要治疗的人。他们工作上要请假，也自付交通费，可是对帮助的人却分文不取，而且一两个星期就出动一次。

4. 真正的成长是内在的。通灵的人只是帮你向内在的智慧学习，通过充分的冥想，你会成为自己的通灵人，并超越外在的需求。初开始时，从灵媒那里获得的证实虽然多少有些扭曲，但却非常有帮助。

5. 通灵人的能力跟灵性进化没有必然关系。有些能力超强的通灵者，他们表现出自私行为，甚至举止粗鄙。不要因某人有超能力，就去咨询这些没有信誉的通灵人士。如果盲目相信某人因为可以通灵，就有高道德标准，那么你很容易吃亏上当。

6. 最重要的，就是记住通灵人并非治疗师或心灵健康咨询人员，他们没有受过专业的治疗训练。不能期待只有过一次与通灵人的接触，你的恐惧或其他症状就会消失，或是突然找出生命疑难的解答。这些并非他们的专长。他们可以察觉问题、呈现你的问题。你可能匆匆瞥见另外一个世界，这匆匆一瞥对你可能非常有价值，也可以治疗你，但是这种瞥见并不是心理治疗。

如果通灵人告诉你的信息不正确，甚至有害，记住，他们不一定是智慧、慈悲的治疗师。如果有必要，你可以评判通灵人，就像你可以判断别人一样，不要随便相信他们。

7. 虽然我们羡慕有通灵能力的人，但我们仍然不能忘却真正的目的。**我们都是灵的存在体，是来学习成长的，要成就更多的爱与慈悲**。在生活中达到平衡，而且去感受并维护内在的平静。我们来这里的目的不是成为有名的通灵人。当我们继续沿着灵性之路前进，通灵能力或许会增长，但这绝不是目的。

我曾听过佛陀与他弟子的故事。有一次他们在安静的花园里打坐，一名弟子进入很深的境界，突然浮了起来。他察觉到身子飘浮起来，非常兴奋、非常得意。这一干扰让他出了境界，又降回地面。他站起来，走向佛陀。

“我有能力浮起来。”他报告说。

“很好。”佛陀说，“但是打坐不能因此而分心。”

8. 有些通灵人能与另外一个世界的灵魂沟通，有些事我们是可以解释的。因为人刚去世时虽然进入灵魂状态，但是还未进入大智慧的境界，灵魂引导者与守护者也是这样。灵体是有高低层次的，有无知、愚昧的灵，也有高度进化的大师灵，所以认清这个区别很重要。如果有人与愚昧的灵魂搭上线，你又何必知道他们说了些什么。

如何去分辨？请善用你的直觉智慧。**你可以从他们的信息中有没有爱的内涵判断是不是高等灵，然后辨别信息的正确程度**。他们通常用隐私的细节证实这个经验。

9. 通灵人可能以象征、隐喻、影像的方式接收另一个世界的信息。这个沟通可能非常准确。但是要去解释象征时，可能就有扭曲。通灵人的解释也许会误导或不正确。例如，灵媒可能感应到玫瑰，然后问委托人是否家中有花园，或花对他很重要。委托人很可能大惑不解。结果可能是委托人去世的祖母小名就叫“玫瑰”。理想的状况是，通灵人应该只是描述他所看到的，然后说：“这‘玫瑰’对你有什么特别意义吗？”

10. 有天生能力的通灵人，对我们的帮助很大。特别是让我们瞥见另外的世界，或是带来亡故亲友的信息，**通过他们，我们体验到死后的另一种真实生命，也体验到不朽的灵魂，而且有机会与死去的亲友再相逢**。他们也指引我们该如何过活，指引什么是我们的重要价值。但是终极而言，我们必须用内在直接去体验这些事。有了经验，然后我们才真正知道。能够直接感受到、看到、听到亡故的亲友，我们才能体会分离只是暂时的。当我们以惊异与欢乐直接体验这种神性，我们才能觉醒，就像圣哲或神秘示现在身旁。

愿意邀请神秘经验

有许多方法可以增加你的灵异感应力。倾听并信赖你的直觉，观察正确率。譬如，电话响，感受一下会是谁打的。第一个跃入脑海的名字通常是最正确的。只要有机会，练习一下这种直觉游戏（像是等一下要见面的朋友会穿什么颜色的衣服）。还有其他的练习我们随后会在书上提到，像是心灵占卜、“看脸”、能量扫描、观想等等，都可以强化你的直觉能力。经常练习这些技巧，通灵能力也可能出现。书上附录的长时间冥想法，也可以让你的练习更深入。

有意愿开放自己的通灵经验也是非常重要的。临睡之前，告诉自己愿意接受灵异之梦或通灵信息。邀请这种经验的降临，醒来的时候，记得写进日记。

你的真实本质是灵性的，不断强化这个意识，就可能增加神秘经历的发生概率。然后对这些现象，你能更坦然舒服地面对，甚至鼓舞更多的神秘经历呈现。有句名言说：相信它，你才能看见它。

我的一名病人十三岁的儿子在1994年去世后，他悲痛欲绝。儿子死得很突然，是未诊断出的心脏扩张。去世时由妹妹陪着。

整个家庭向我求助，希望克服伤悲。两年后，母亲带着丈夫、十二岁的女儿，还有襁褓中的小女儿一起来看我。小女儿好像饿坏了，吵个不停，她抱着女婴去喂奶，其他两人跟我一起在办公室等着。

我们开始闲聊，谈到开车时父亲突然黯淡下来，很悲伤的模样。

“怎么回事？”我问。

“儿子如果还在，现在已经十五岁了。我就会教他开车。如果他还活着……我一直期盼跟他一起开车，现在我永远不会有机会了。”他平静地说着。

我们稍微讨论了一下他的悲伤，然后转到其他话题。

母亲带着婴儿回来后，我引导母亲与大女儿做想象练习。父亲则边走边哄小女儿入睡。我请母女俩观想美丽的宝盒，并把生命里欠缺的东西放进去。悄悄地，母亲啜泣起来。

没多久，我问她体验到什么。

“我看到儿子。”她回答，“栩栩如生，就像真的。我正想把他放进宝盒，他说话了！”

“你可以不必把我放到宝盒里。”他说。

“可是，我想要你永远陪着我们。”母亲说。

“我随时都陪着你们。”他答道，“我爱你们……告诉爹地，他是对的。我喜欢跟他开车，特别是他在旁边的时候。”

母亲并不知道丈夫的伤心以及我们之前的谈话。母亲所看到的鲜明影像，以及跟孩子的交谈，对于治疗悲伤有很大的助益。这是她“自己”的体验，而且马上得到丈夫与大女儿的证实。她与儿子接触过，而且觉得真的跟儿子谈过话。整个家庭也直接体验到这名长子的存在。他们仍然悲伤，可是复原已开始启动。

我们都是灵魂存在体，我们都能直接拥有通灵经验，就像这名伤心的母亲接触到儿子。然而大多数人以非直接的方式，通过通灵人知晓另一世界的信息，可能会更容易些。已故亲友所传送过来的信息，将对我们产生强大的冲击力，甚至改变我们的生命。

第十二章

美国通灵人的信息

◆ 灵性大师导引 31

在这一界里，有些灵魂可以向肉体形式的人示现。他们来到这里……就在这一界，可以相互沟通，在这里你可以用灵异能力与肉体的人沟通。有很多沟通方式。有些用视像能力，向肉体的人显示他们。有些有搬动力，用心电感应搬动物体。许多灵魂可以到这一界来，看一看曾经非常亲密而仍然以肉体存在的亲人。

通灵人查尔有信息给我十几岁的女儿艾米。之前卡洛与我参加一个丧礼，是艾米好朋友大卫的祖父过世。艾米只知道亡者的昵称叫“巴齐”。

“我有信息要给叫大卫的人，”查尔告诉她，“那是他祖父，名字叫哈渥德……或哈罗德。”艾米根本不知道“巴齐”的名字叫哈渥德。

“告诉他们，他爱大家，而且他也很好。他跟麦斯与山姆在一起。”

没有人知道麦斯与山姆是谁。第二天我们打听到山姆是“巴齐”的父亲，麦斯则是山姆的好朋友，也是二十五年的生意好伙伴。

肉体死去后我们并没有真正死亡，我们的某个部分继续存在着。就像清醒时，我们走过房间，进到另一个房间，更大、更明亮、更奇妙的房间。

这就是我们不必害怕的理由。我们永远被爱包围，我们所爱的人从没有离开过。我们都是美丽不朽的灵魂，只是暂时借住在这个身体里，我们并不是身体。

我的病人，还有其他接收到亡者信息的人士，都对信息的相似性惊讶不已。无论那是回溯催眠、梦境、通灵人告知或其他方式，其中都有共通的主题。

“我爱你，我很好。好好照顾自己，不要为我太过悲伤。”

他们一直要告诉我们，不必哀痛。他们知道了我们已经忘掉的事。

他们是不朽的，我们也是。

回溯治疗故事09

魏斯医生：我的前世今生

我这一辈子力量最强的体验，是在为凯瑟琳回溯时所接收到的不同信息。我愿意跟大家分享这个故事，让各位了解，这一刻永远改变了我的生命。

我生命里的最大悲剧是长子亚当的猝死，死亡前只活了二十三天的寿命，那是1971年。出生以后第十天，我们从医院带他回家。他有呼吸困难、突然呕吐症状。医生也诊断不出结果。心瓣膜受损、肺静脉循环不良。他们这样说："一千万名新生婴儿可能只有一名罹患此疾。"原本应该携带含氧血液反流心脏的肺部静脉，因为接驳不正，血液流向心脏的方向相反。好像是他的心脏倒转过来，这种情况非常罕见。

开心大手术也救不了他，亚当几天后去世。我们哀痛了好几个月，我们的梦想与希望化为灰烬。另一个儿子约旦在一年后出生，抚慰了我们的伤痛。

亚当去世那一阵子，我正在为是否该选择精神科而举棋不定。因为在实习时，我对内科很有兴趣，而且当时又有住院医师的空缺在等我。可是亚当死后，我毅然决定投入精神科。我对现代医学很愤慨，有那么先进的医术与科技，仍然救不了我的儿子那么单纯的小婴儿。

另外，我的父亲身体一向硬朗，1979年初第一次心脏病发,健康才亮起红灯,那时他六十一岁。虽然逃过第一次发病,但他的心肌已严重受损,三天后不治而亡。那时大约是凯瑟琳第一次来看我之前的九个月。

父亲是信仰虔诚的人,将教义看得比精神超脱还重。他的犹太名字艾弗隆比英文名艾文更适合他。他去世后四个月,我们的女儿出生,于是取艾米这个名字,纪念故人。

现在,1982 年,在我安静而微暗的诊疗室里,有惊人的奥秘向我揭示,震得我双耳欲聋。我在精神的大海里泅泳,不过我爱这水。我的手臂直起鸡皮疙瘩。凯瑟琳不可能知道这些事,甚至也没有地方可查:我父亲的希伯来名字;我曾有个儿子,死于千万分之一概率的先天性心脏缺陷;我对医学界的看法;我父亲的死和我女儿的命名。太细微、太充分了,不可能是假的。如果她能说出这些事,是不是还能说出更多?我想要多知道一点。

“谁在那儿?”我问,“谁告诉你这些事?”

“大师们。”她轻声说,“前辈大师告诉我的。他们说我活过八十六次。”

凯瑟琳的呼吸平缓下来,头也不往两旁摆动了,她在休息。我原想要继续,但刚才她透露的信息使我思绪万千。她真的有过八十六次前生吗?还有“大师”呢?真的有这回事?我们的生命真的为一些不具有形体但智慧超卓的大师主导?真的有一步步向上帝接近的道路吗?从她刚才揭露的情形来看,似乎很难怀疑这些观点,但是,要我相信却也很难。我必须扭转过去所累积的观念。不过从理智到直觉,我都知道她是对的,她透露的是真理。

有关我父亲与儿子的信息，打开了我的心灵，认真面对来世与超常现象的可能性。这经验再加上随后其他病人的经验，我的价值观开始转变，从物质转入精神，而且更关心人我关系，不再汲汲于名利。我也开始理解什么是可以带走的以及什么是带不走的。确实，在这之前我一点也不相信肉体死亡后我们的某一部分还有生命。

没有人真正死过

我在巴西旅行时，遇到许多智者与很有才能的人，印象很深的是通灵人赛莉亚。一名朋友强拉我去参加赛莉亚在里约热内卢的团体。赛莉亚不认识我，也不知道我写过的书。她只会说葡萄牙文，朋友权充我的翻译。

我坐在演讲厅前面。每个人在纸条上写下名字，再放入篮子中。赛莉亚取出字条揉捏，看也不看一眼，直接就叫出名字。听到死去亲人的名字，这些人靠近赛莉亚所坐的讲台。走到讲台的有个人、夫妇或是整个家庭。

这些人脸上的表情与身体语言一致，都是自发而真诚的，会场里有八百多人，来自各个阶层。没有人知道什么时候会被点到名。

我没见过像赛莉亚这么迅速的人，连续叫出正确的名字，对身体特征与个性的描述，像瀑布直泻而下。她不仅知道亡者的死因，更能描述亡者生活上的私密事件，这些细节描述让亡者的家属很安慰。赛莉亚说话很有力，与矮小虚弱的六七十岁身躯颇不相称。她身高不满 155 厘米，必须使用吸入器，以免哮喘。

这里有两个故事非常感人：

赛莉亚叫出一个男人的名字，他的父母还有妹妹走到讲台。赛莉亚活灵活现地描述让年轻人致死的意外车祸时，家属们颤抖着。她告诉他们，他现在很好，以爱致意，而且他也不孤独，两名同样车祸死亡的朋友也和他在一起。赛莉亚再叫出两个名字，整个过程像超现实梦幻。另两名罹难者家属一同走向讲台。其中一名父亲站在另一名父亲后面，僵硬直立着，很明显，他在努力控制自己的情绪。其他人则不断哭泣，抱在一起。

赛莉亚转头向僵硬男人的妻子说："不要内疚，他们现在都很好，是灵魂。"这女人的儿子是司机，该为车祸负最大责任，母亲因此自责不已。

"他们送爱向你致意。"赛莉亚继续补充许多私人细节。

然后她望着那个僵硬的男人久久不语。赛莉亚站起来，虽然已经站在讲台上小桌子的后面，其他人则凄凄惨惨站在地上,但是赛莉亚还是不比别人高。她想把这个男人看清楚些。

她说："你的儿子告诉我，你很难接受这一切，因为你是工程人员。"他点点头。

"他说,你们不该再争论地毯的事,现在它已经不重要了。"

听到这里，父亲崩溃了，抱着妻子号啕大哭。这件事根本没人知道。他跟妻子常为家里某片特殊的地毯争论不休。父亲认为地毯导致儿子的过敏与哮喘。妻子不以为然，认为她喜欢的地毯无罪，不可丢弃。

这个非常私人的陈述打散了这个工程师的理性，直接碰触到他的内心。他不再否定自己的经历。他紧紧抱住妻子，两人涕泗纵横。他们知道了,儿子的灵魂还活着,也知道我们不是只有身体,而且我们不曾真正死过。

与几个人跟另一个世界做感性、准确的沟通之后，赛莉亚又叫出一个男人的名字，他三星期前被人枪杀。受害者的妻子与两个儿子走到讲台前。

赛莉亚讲出的细节都是个人私事。接着她描述枪杀过程与随后的急救。她采用高度专业的医学术语，还包括复杂的量子物理术语。我怀疑她受过特别的医学或物理学训练，我的翻译证实了这一点。

死去的男子对家人传达爱意，他们三人紧紧拥抱。他们在这一房间感受到的治疗力量非常明显。

赛莉亚尚未结束，她还有美妙的信息要传达：

> “你们的同情与爱，他很感激，但是他要你们也同情枪杀他的人，放下你们的愤怒。这个人层次比较低，还不了解灵性律则。他会为自己的行为付出惨痛代价。然而他是无知的，需要帮助。他需要你们的祷告。他不能了解，因此不该被审判。”

回溯治疗故事 10

赛莉亚：让我的灵魂重获生机

历经六七十次通灵，赛莉亚休息了。我被领到一个小房间，里面有十多人。赛莉亚坐在椅子上休息，我被人引介，说是美国来的有名医生，写过书，也演讲轮回与灵魂的话题。她询问我的工作，很明显，她对我还有我的工作并不知情。接着她祝福我工作顺利，我也称赞她的能力。

她的声音与语调没有任何改变，突然直接就给我信息：

“你的儿子亚当在这里。他想让你知道现在他的心脏已经有正常的位置。他看护着弟弟约旦，还有跟祖父同姓的妹妹。他要传达爱给母亲卡洛（她的发音念成卡洛依）。他的死非常重要，以后才能让你在工作中平静、安详。”

只有卡洛的父亲跟叔叔用“卡洛依”的发音方式称呼卡洛，那是她的小名，可是她父亲与叔叔已经去世好多年了。

赛莉亚的音调现在有点改变，而且更加严肃：

“你的灵性工作是完全正确的，很好又很正确。不要气馁……继续努力。这样的工作到处都可以帮助人，即使是另外一个世界。你的成就也会越来越大。”

赛莉亚的每一字每一句都进到我心里，这时候我想起 17 年前凯瑟琳传达的信息，来自父亲与儿子亚当那些令人感动、改变生命的信息。事隔 17 年，我又打了个寒战。

我很清楚赛莉亚对我跟我的家庭背景一无所知，也从未看过我的书。她的准确是当头棒喝。

这些年来，我一直不把“奇迹”视为理所当然。

赛莉亚一定不明白我有时候真的很气馁，因为工作上的要求，我无法常跟家人、朋友一起；因为我无法回应所有寻求协助的请求，还因为怀疑者与批评人士无情的攻击。赛莉亚的一席话**让我的心重新苏醒，让我的灵魂重获生机**。

八百多人跟我分享了不可思议的体验。当我回到演讲厅，可以感觉到无比的平静，而且爱的能量笼罩着整个建筑。我简短地跟刚才描述的四个家庭成员寒暄。他们从未见过或是与赛莉亚及她的助手交谈过，直到他们被叫出名字。

第二天早上，我打电话给朋友，感谢他带我去见赛莉亚。他说，我离开后他还跟赛莉亚讲了些话，她表示房间里还有许多灵魂在等我，也有信息要让我知道，但是她不想让我负担太多。所以只传达亚当的信息。我有点失望，不过一闪即逝。我真想多听、多经历一些。但是那一天的所闻所获已经够让我开心了。同时，我的气馁也慢慢淡了。

多年前，美国的灵媒范柏格（James Van Praagh），他也是《与天国交谈》(Talking to Heaven)、《抵达天国》(Reaching to Heaven)等畅销书的作家，他预测我的工作将伸向更广大的听众与读者。他告诉我，我正处于世界性高影响力的过渡期，急需融合科学与精神的灵性方向。

我内心听到这些预测，但我并没有全然相信。因为异议与怀疑的批判声浪太大。已经整整九年了,我一直在教导轮回与神圣的爱，以及死后的生命与真实性，真的筋疲力尽。九年了，我因为教导**爱永无止境，肉体死亡后我们所爱的人并没有真正死去，我们的灵魂继续存在，永远有爱，有必要时，我们将重回肉体状态**而被挖苦、被嘲笑。我知道我教导的都是真理，但是太多人把心门关起来。我的工作怎么可能出现高度影响力？怎么可能是现在？

治疗知名电影演员史泰龙

巴西之旅期间及刚结束不久，连续发生的三件事开始提醒我：赛莉亚与范柏格说对了。

第一件是我在巴西演讲，举办工作坊时群众很多，媒体的反应热烈。每到一个城市，数千名群众潮水般挤满演讲厅，入场券供不应求。电视、新闻、杂志巨细无遗地报道。新书签名每场至少要签四小时，耐心排队的人长龙蜿蜒。

这么热烈的场面，我的心并不全然相信。“这就是巴西。”我把它合理化。巴西是一个精神大量启蒙与觉醒的国家，充满自然之美，特别是有一群美丽的人居住，这些人心灵开放、关爱，已经有灵性的觉醒。一些通灵者像是亚兰·卡甸（Allan Kardec）已经铺好路了。

巴西是个例外，我这样认为，就像其他的拉丁美洲国家，这里的人有自由的空气，可以讨论并分享他们的灵性经验。

接着，第二个事件发生了。这些年来，我治疗过许多名人、政治领袖、运动明星等等。很多人都出现戏剧化经历，那或许是前世或是其他灵魂现象。基于职业保密与尊重隐私，我不能把他们的故事写出来。当然，如果他们愿意自行公开是不受这个限制的。然而，由于顾虑社会大众的反应，少有人愿意提到我，提到我的书，或跟我一起合作。

唯一的例外是葛丽亚·伊丝特芬（Gloria Estefan）。她是位非常杰出的歌唱家、女演员，有强烈的道德勇气，而且精神高度成长。葛丽亚有一颗美丽的心，在迈阿密有极多的慈善义行。所以，当她公开谈论到我，我很高兴，但一点也不意外。

在 1996 年 6 月号的杂志，葛丽亚说："我一直有冥想的习惯，形式上很像自我催眠，但是我不知道那是怎么回事，直到旅行车出意外,朋友送我一本魏斯博士写的《前世今生》。它给我带来很大冲击，在复原期间给我很大力量。我常翻阅。我对催眠很好奇，不知道长年来的冥想跟它很类似。最后我遇到魏斯医生，他替我催眠，所用的方法跟我从小就做的冥想的方式相同。那一直是我的祈祷方式。"

葛丽亚的例子并不是我提到的第二个事件。西尔维斯特·史泰龙（Sylvester Stallone）才是。1997 年 8 月我在巴西时，他在美国接受报纸专访时，提到我如何帮助他饰演《警察帝国》的角色。

史泰龙在《警察帝国》中的演出获得影评家赞赏。这一次他不是扮演动作英雄，而是一位受制于人的残障警长，他跟小镇中的腐化黑金势力搏斗。

报道中说："史泰龙内心也做好准备，特别是当他知道要与劳勃狄尼诺等重量级演员演对手戏。"

"我从未同时与那么多大牌演员共演过。"他说，也坦承有点畏惧，"突然间，我好像被丢到竞技场，从幼童军打到绿扁帽。"

"他做了一件事，就是去找畅销书《前世今生》的作者魏斯医生咨询。**魏斯博士是迈阿密的精神科医师，以催眠、**

精神治疗、前世回溯等方式行医，他帮助史泰龙进入已经遗忘的心灵状态里。”

“魏斯让人想到那个超越形体的无畏勇气，世界上最勇敢的人——片中主角，他所遭遇的情境，根本没有机会存活，但是他愿意为理想而战。”史泰龙说。

“魏斯表示，我与史泰龙的会面并没有揭露前世，‘这并非医生与病人的关系。剧中主角是位英雄，有深重的道德感与精神勇气，而且，他的重点是能把这些表达出来。让我印象深刻的是，史泰龙天生有这些特质，我所能做的只是帮他移除表达这些特质时可能遇到的障碍。’”

这里有个重要事实，史泰龙有勇气公开提到我，这意味着有千百万的民众已经注意到我在做什么。

黛安娜王妃最后的道别

第三个事件发生在史泰龙的报道以及赛莉亚传送信息后的几天。这一事件对我本人冲击很大，而且它更加私密。

我在 1997 年 8 月 19 日回到迈阿密。22 日我在办公室接到一通电话，电话是戴安娜的私人秘书杰奎娜从伦敦坎辛顿宫打来的。

“王妃很喜欢你的《只有爱是真的》(Only Love is Real)”，杰奎娜告诉我，“这本书带给她很大的慰藉与平静。她很想见你。最近你有计划到欧洲来吗？”

“没有。”我回答，“目前没有这项计划，不过我相信我们可以做别的安排。”

“嗯，她目前正在休假，回到英格兰时，她想再跟你联络。”

“那是我的荣幸。”我说，“我会寄些其他的书还有录影带给她。”

那天下午，我寄出一包书与录影带，并期盼她的回音。我一向钦仰她的勇气与温情，她的慈善工作，以及对艾滋病人与其他受苦的人奉献的大爱。

当然，戴安娜王妃一直没有回电。8月31日回英国之前，她发生车祸死亡，丧生在巴黎的隧道中。

我不相信巧合，我在写这一段的时候，戴安娜王妃才亡故几天而已。

我很伤心，虽然我知道她现在很好。她的大爱与闪亮灵魂仍然活着，而且在另外的世界中被慈爱的光笼罩着。但是**当人的肉体离开，我们还是会伤心**。

我相信在戴安娜王妃车祸而亡的两星期前，我接到坎辛顿宫打来的电话，有两个原因。

《只有爱是真的》这本书，谈的是爱与灵魂伴侣，是人超越时间、空间的特殊结缘。书上也呈现了**曾在前世、灵界相处过的人，会在今生重新找到彼此的爱**。他们将学习到爱是永恒、绝对的。爱永无止境，即使死亡也不会停止。我们永远被爱，我们永不孤单，我们永远会跟所爱的人重逢。

我相信戴安娜王妃感觉到跟某人有灵魂伴侣的关联，也许那是她的儿子，或是某个她所爱的人。也许《只有爱是真的》帮助她了解了这个强有力的联结。

另外一个原因是，**对于生命中即将发生的重要事件，人会有某种直觉或预感**。通常他们会预感到死亡的迫近，无论那将发生在自己还是亲人身上。而在这之前，他们有许多道别的方式。

我有一名怀孕的病人，她丈夫是商人，在哥伦比亚的坠机事件中身亡。之前一整个月，她反复梦见丈夫因坠机而亡。如果那只是意外，为何妻子不断接到警讯？

另有一名迈阿密的病人，她哥哥住在密歇根州，也是因车祸丧生。车祸前一两个星期，她千里迢迢去看这位哥哥。也许就某个层次来说，戴安娜王妃也知道一切。

我的书不只是探讨灵魂伴侣与前世，还探讨真理与神圣之爱。书上**阐明根本没有死亡这回事，只有生命；我们的灵魂是永恒而且不受伤害的；我们总会与所爱的人重逢，无论在灵魂境界或肉体境界**。这些书就是希望，它们不只带来慰藉，它们也是实情。也许那本书让戴安娜对父亲的去世找到抚慰。她依然为父亲伤悲吗？她的“慰藉与平静”跟父亲有关吗？

戴安娜王妃在去世前读过我的书，这样的时间不是巧合。她学习到许多有关灵魂伴侣的事，也学习到更多有关灵魂的事。我确信在另外的世界接待她的，一定是辉煌灿烂的光亮、充满爱的迎接，以及无边的喜悦。

我会想念她的。希望我的书对她能有些许帮助。

灵媒范柏格的通灵故事

灵媒范柏格从亡者那里接收、传送信息时，我全神贯注地观看，小会议室挤满上百人，注意聆听他的每一个字。我们当中，即使半信半疑的人也不得不惊叹他能讲出亡者生前的许多小细节，让家属相信他们钟爱的亡者依然活着。他讲的都很准确。越亲密的人细节越多，也越惊奇感动，我们也不例外。

卡洛跟我坐在人群中。我的理性很难理解范柏格如何知道那些细节。“他们跟我讲的。”他的回答永远这么简单。

我的左手边是一名女士，30多岁。范柏格叫出一个男人的名字，她旁边的老妇颤抖着从椅子上站起来。“那是我丈夫。”这名老妇透露。

一长串的肯定细节，有人称为证据，从范柏格嘴上传到60余岁的老妇人耳里。“是……对……噢，对！”她不断回答。她双手紧握成球状，双腿摇摇欲坠。

“他感谢你照顾了玫瑰花。”范柏格继续说，“他知道你这样做是因为你爱他，他现在把爱回送给你。”老妇人点点头，眼泪流了下来。

“还有，别担心那只狗。”范柏格突然冒出这一句，制造出幽默效果。

她的女儿转头对我说：“她照料我父亲的玫瑰花园，她似乎很用心在做……但她担心我们的狗四处跑，践踏花园……真不可思议！”她的眼眶也闪烁着泪珠。我被这一幕深深打动，所以得努力保持客观与距离。

没多久，范柏格让每个人都哭了。

“他感谢你今天带来某件他的东西……”范柏格停顿一下子，“那是戒指，他告诉我的。那是他的戒指，你带在身上，希望对召他过来有帮助。”

范柏格一说完，老妇缓缓伸出手臂，张开紧握的左手，手上戴着她丈夫的戒指！我跟卡洛都没有注意到，一直到现在，房间里所有的人深受感动，老妇脸上有一抹明亮的微笑。她“知道”丈夫正在与她沟通。

“她从来不会带着这只戒指。”女儿看着我狐疑的眼神回答说，“只有今天带来了，希望能有帮助……我想，真的是有帮助。”她补充完这一句，泪珠滚落面颊。

通灵并非读心术。通灵人的灵感或知识并非来自他们的求访者。范柏格又再度证明了这一点。

佛罗里达饭店的大厅中有600名群众，范柏格当众引导。他正在帮助一对悲伤的夫妇，他们的6岁女儿最近因血癌病逝。

“她送来她的爱。她非常感激，因为她的玩具、洋娃娃，还有独角兽，原封不动地保存得很好。”

我对这些说辞没有太多感觉，但是这对夫妇却立即有反应。在情绪激动中，他们表示，女儿是火葬的，骨灰坛放在她床上，跟洋娃娃与玩具放在一起。床单与枕套是女儿最喜欢的那一组，上面都是独角兽图案。

在这之前，范柏格从未与这对夫妇交谈过，也不知道我刚好认识他等一下要引导的女士。范柏格刚从常住的加州到这里来，完全不认识她。

“这里有大卫……大卫……谁的儿子？他去世了，现在是灵魂。”范柏格开始说。

好几个妇女站起来，因为大卫不是罕见的名字。但是，我认识的那名女士并没有起立。

她没有儿女，她丈夫的弟弟叫大卫，两年前猝死。目前听到的资料不够具体，所以她才没有回应。

范柏格没有跟起立的妇女做进一步接触。

“谁是飞行员？”范柏格问，“他告诉我，有一位飞行员。跟大卫有关的人是飞行员。”

现在，站起来的妇女都坐了下来，而那名年轻女士全身颤抖地站起来。

“我认识大卫。”她说，“他是我小叔，我丈夫的弟弟，他两年前死了，他母亲是飞行员……她驾驶飞机。”

有了适当关联，范柏格似乎满意了。

“他要献爱给她。”范柏格说完，抬头向上看，侧着耳，好像在听某个人说话。他望着年轻女士，又仰起脸看她的头上。

“我看到你头上有把红色的刀。”他对她说，“我看到……某个人看着刀，正想要把刀弄干净。”

年轻女士对红色的刀一无所知，她跟丈夫都没有这种刀，所以无法证实这是怎么回事。

“保管好。”范柏格补充道。他的意思是要记住这件事。接着他又引导另一个“陌生人”，因为大厅里每个人对他来说都是陌生人。

几天后我有机会跟这名年轻女士交谈。“你不会相信的。”她说。

工作坊结束后她回家，打电话给住在宾夕法尼亚州农村的婆婆，也就是大卫的妈妈。她没有提到工作坊或范柏格的事情，只是问：

“红色的刀子对你有什么意义吗？”

“真有趣，你早该问的。”她婆婆回答说，“昨天（工作坊的前一天），我到地下室清理钓鱼用具。我看见大卫那把旧的瑞士军刀，就把它捡了起来。我记得当时想，应该把刀清干净。”

范柏格竟然知道大卫母亲心中的想法，她把刀捡起来，并想清洗干净。群众中的年轻女士并不知道有这把刀以及千里之外婆婆在地下室的想法。

瑞士军刀、飞行员、独角兽，还有其他种种描述，太具体、详细了，不能说是巧合或是笼统的胡说。

我们都能学习范柏格的能力，只要你好好看完本书，只是我们缺乏自信也缺少练习。学习运用灵性能力，我常比喻为练钢琴。没有人天生精通琴艺，只有不断上课、努力苦练，才能弹出一些旋律。这个道理也适用于直觉能力的开发。

最后我们将了解所有的智慧都在我们内心，而且只要我们记住、练习，取出这个智慧，就能成为自己的最佳教师。这时候，**我们就可以发现当下的平静与喜悦，因为真正的课题是如何把握现在、活出自己，而且无论以前别人教我们相信什么，现在必须相信灵魂。**

只要我们觉醒，灵魂会在我们耳际颂唱爱的诗歌。

通灵人罗丝玛丽电视现场演示倾听“巧合”的信息

默默坐在观众席，参加“墨瑞·波文区”电视节目，我看着知名的英国治疗者与通灵人罗丝玛丽·爱迪亚（Rosemary Altea）对失去亲人的悲伤家属道出深入而具体的细节。卡洛跟我造访纽约市的时候，我的经纪人佐妮过来打招呼。佐妮同时也是罗丝玛丽的经纪人，罗丝玛丽第二天要上节目，所以佐妮硬拉我们坐在观众席中。罗丝玛丽并不知道我们会到场。

罗斯玛丽著有《鹰与玫瑰》（The Eagle and the Rose）、《骄傲的灵魂》（Proud Spirit），她跟赛莉亚、范柏格一样，擅长转达另一个世界的信息。为了发挥天赋才能，让世界更美好，她在英国成立了一个非营利的治疗者协会。阅读她的书籍很愉快，我也曾看她在电视上示范，但今天是我第一次亲眼看她现场演示。

在美国上电视节目就像是一场考试。罗丝玛丽必须为第一次见面的人提供他们亡故亲友生前的准确生活细节。现场有一大堆观众在看。

她有好大的压力。其实，罗丝玛丽应该私下打发这些人，以免被干扰。罗丝玛丽对电视台的这种安排，似乎胸有成竹。我很清楚电视现场最喜欢捕捉来宾的临场反应。我真心盼望她能忽略这些阻碍，好好表现，不把电视节目视为严格的科学检验。

罗丝玛丽克服这些妨碍，非常准确地对悲伤的家属讲出一个又一个的事实，同时也带来了安抚、希望与宽慰。全体观众分享了这些感人而戏剧化的经历。

然后，我认出与罗丝玛丽同在台上的那两个人——赖福与凯西。他们一年前曾参加过我的讨论会，我们花了很多时间讨论他们年轻儿子雷恩意外被朋友射杀的悲剧。

雷恩跟朋友们去参加一群青少年办的舞会，舞会没有大人督导。他们发现一把俄制手枪，以为枪没装子弹，扣了好几次扳机都没有动静。可是不知怎么回事，安全扣突然松开，枪膛里还有一颗子弹。刚过完16岁生日几天，那年10月，雷恩死于头部枪伤。

赖福夫妇的世界塌了，他们沉浸在悲伤里。

我知道许多雷恩之死的细节，也清楚他生前的一些事迹。罗丝玛丽则毫不知情，她转头对这对夫妇说："砰！""他不断说着'砰！'"罗丝玛丽还描述了这件恐怖意外的气味，以及其他细节。

可以看出雷恩的父母非常感动。我知道罗丝玛丽可以治疗他们，达到的效果远比我的好。

"他真是捣蛋鬼。"罗丝玛丽补充说，传神地描述了雷恩，但是他母亲有点不明白。"捣蛋鬼"是英式说法，指顽皮、淘气的人格特质。用这个方式形容雷恩很恰当。经过解释后，他母亲点头同意。

几天后，赖福寄来一封信：

> "我们失去雷恩，罗丝玛丽提供给我们的信息，满足了电视节目制作的需要，也显现了杰出的功力。她亲切地对待我们，节目开始之前她进入等待室，一一跟我们打招呼，并说明等一下会怎么做。下节目后，她又和我们相处很久，确定我的感觉很好……总之，这是一次很有用的经验，有机会参与，我们真的很高兴。"

儿子雷恩的死，以及他们随后的体验，带给赖福夫妇极大的灵性成长，他们定出计划，协助“温情朋友”（这是个国际性机构，专门照顾并支持失去亲人的家庭）。

对我来说，一切都不是巧合。赖福夫妇大方济助他人，而罗丝玛丽也以某些东西回馈。而我，一名平凡的带动者，目睹了整个过程。

赖福的信，最后以儿子写的一首诗（我们不知道雷恩写过诗，直到死后我们翻阅他的日记才知道）结尾：

跟随风
跟随着风
在另外一边
呼唤你

你能捕捉
生命，
还未生活过的
生命？

染色的灵魂
可以擦干净
用时间与信心

在另外的一封信上，赖福写道：“我学习到如果你爱别人就必须告诉他们你的爱，这很重要，因为明天只是我们心中的概念。”

罗丝玛丽在节目进行中，对“倾听”有很深刻的阐明。她说，我们只是一直要求、要求再要求，要求信息、显灵、沟通，可是我们很少花时间倾听。如果不倾听，怎能听得到？倾听是要花时间的，我们必须耐心，特别要仔细倾听“巧合”的信息。

渴望看到显灵并立刻得到信息，这是正常人的自然反应。然而倾听是技巧，必须花时间培养这个技巧。

当你练习平静自己，走向内在，花时间倾听并创造可以倾听的空间，那么你一定听得到。然后你会看到神迹，接收到信息。同时，你也培养出耐心的艺术。

第十三章

超越自己的灵性锻炼

◆ 灵性大师导引 32

冥想与观想能断纷杂思想，助你开展返本之旅，疗愈也随之带动。你开始发挥尚未开发的心灵力量。重新观看、重新理解，增长智慧，然后平静自在。

我们的心知道通往喜悦与内在平静的路径。灵性的锻炼，如冥想与祷告，可以提醒我们已经知道的事。当我们遗忘内心的信息，掉到生命的裂缝中，我们就会不快乐、不圆满，抑郁而且焦虑。我们的视点也模糊起来，遗忘更大的图像，而且失去方向。

治疗的方法很简单。利用一些时间重新忆起你的神性与灵性本质，回想你为什么在这里。冥想是触发回忆的方法。

冥想是平静心灵的方法与艺术，让充满在意识里无尽的杂念安静下来。冥想者成为观察者，进入超脱层次，最后察觉到更高阶的意识状态。

要脱离平常的知觉窠臼，冥想是催化剂，提醒我们早已了解到的那种崇高、更有灵性的价值。常常冥想就能带领我们回想出更大的图像，以及生命中哪些是重要的。

必须练习、修炼才能清扫成千上万的杂念。进入更深的觉醒之前，我每天冥想，持续三个月。重要的是要有耐性，不怕挫折。不可能一夕就冥想有成。

你不必端正盘坐进行冥想，躺下来，自然坐在椅子上，哪怕走路都能冥想。冥想的目标是止住念头，观察与超离，充满觉性。

练习冥想的过程，也许你会发现观想与催眠很有帮助。在这些技巧里，你可以听到旁人教我们放松的声音，让你精神更集中。

无论冥想、观想、催眠，你绝对不会受到别人操控。没有任何“力量”操纵你的身体与心灵。你不是进入时空隧道，你只是非常深入，非常集中，一点危险都没有。在这种状态里，你被启发，触及更高的觉受层次，对自己的神性本质重新觉醒。这是启示之路。

冥想的精华尽在于此。你所采取的每一步骤都是神圣的，你所吐纳的每一呼吸都是美善的。如果能理解并修炼这些诀窍，你就能凝神专注，转移日常的杂念，更具洞察力。然后你的观察会更敏锐、更超越，而且不再批判。

我教过一名病人如何冥想，她是企业主管。第一次练习后她表示：“我看到了世界上最美丽的树。”

“在哪里看到的？”我问。

“我家门口。”

树一直在那儿。只要我们内心平静，就能看到最美丽的事物。

冥想技巧

我常在工作坊教人一个简单的冥想技巧，只需两分钟。

第一分钟，我引导团体所有的人闭上眼睛，做几个深呼吸放松。接下来的 45 秒，必须让内心完全安静下来，不要去想什么。当然，大多数人觉得这一步相当困难。我们的心不喜空无，因此杂念纷驰，像是："背好痛。""我听到有人咳嗽。""早餐实在不该吃那种东西。"

这些都不是大宇宙的启示。想让心灵澄静、超越、敏锐，我们不需要这些东西。

第二分钟，大家要想象坐在美丽的池底，可以正常呼吸。

"每次念头一来。"我对大家说，"把念头放进泡泡，看着泡泡浮出水面消失。然后让心灵恢复安静。如果又来一个念头，再放进泡泡，让它浮出水面消失。不断重复这个过程。"

对于怕水的人，我教他们想象坐在美丽的田野中，用浮力大的氦气球代替泡泡。

下一分钟里，他们就运用这些泡泡与气球。他们开始冥想。

这被称为"泡泡冥想法"，不过，你也可以用一个字代替，把心思集中在这个字上。如果心念飘出去，轻轻地，不要评判，把你的注意力拉回到这个字。

你可以选择中性的字，像是数字"一"，或是梵文的"真言"，或者选个充满感情的字（如"爱"）。冥想的时候观察心内有什么感觉。

你也可以用视觉影像代替，譬如蜡烛、鲜花。或者你也可以用传统的方法，让注意力集中在呼吸上，也就是数息。

试一试"泡泡冥想法"，你会觉得获益匪浅。

团体练习

我经常在工作坊教人练习"看脸"。在只够维持基本照明的昏暗房间中，两人一组对坐。我引导他们进入非常放松的冥想状态，然后互相凝视搭档的面部，持续 5~10 分钟。这时候面貌会变化，有不同年龄、种族、性别的变换，有时候还出现动物或其他象征。做这种练习时，常常会接收到有关对方的超感官或直觉信息。惊人的事就此发生。结局并非知觉的扭曲，真实的信息被接收到了。请试试有什么奇妙的结局。

我在波士顿带领大型工作坊做看脸练习。波士顿一名女士的搭档来自米尔瓦基，两名女士素昧平生，是七百人中的随机安排。

她们坐在前排，我的眼睛适应昏暗的光线后，可以看到她们的脸部，波士顿那名女士流出泪水。

练习结束，其中两三组人有充裕的时间分享他们的经验与感觉，我问流泪那名女士愿不愿意告诉大家她的经验。她同意了。

“我流的是高兴的眼泪。”她解释说，“我看到哥哥的脸，那是他好久以前的模样。”她哥哥在第二次世界大战期间是军人，在法国阵亡，当时 19 岁半。

她的搭档接过麦克风。“昨天，在大团体回溯中，你带大家回到前世，我体验到一名男性士兵，19 岁半，在第二次世界大战时阵亡于法国。”

她讲出死亡的细节，并开始描述搭档的哥哥，非常正确。听到这里，许多人呆若木鸡。

事后我得知，米尔瓦基这名女士出生那天，正是那位士兵阵亡之日。这真的不是巧合。

我在纽约引导看脸练习时，一名从印度来的老先生流着快乐的泪水。他的搭档是位年轻女士，来自新英格兰，彼此从未见面。他说搭档的脸变成女佛。

“女佛特别罕见！”他解释说。然后他的搭档告诉我们，多年前她是佛教某宗的信奉者，她们顶礼的就是女佛。

这些有意义的“巧合”可以重新修正我们的方向，而这方向是我们出生前就已经选择好的。

我不明白为什么在波多黎各的工作坊一直充满神秘体验。也许参与者的热情、充满灵性、心胸开放是最大因素。1998年3月所办的那场工作坊中奇迹再度降临。

工作坊开始前两天，有件事我并不知情。一名中年妇人，经常戴一条饰有漂亮蝴蝶的金项链。这是在为儿子祝福，她儿子几个月前身亡。

“给我个暗号，或一道信息。”悲伤的母亲祈求着，“来个蝴蝶暗号，我会知道那是你的。”

开始“看脸”练习之前，我讲了一些有关蝴蝶的感人故事给参与者听，因为蝴蝶是灵魂的隐喻。一些将死或自知死期已近的儿童，常以画蝴蝶为象征（例如集中营里被屠杀的儿童，以蝴蝶入画的极多），而且葬礼中常见蝴蝶徘徊。我想要讲蝴蝶的故事，是临时起意的。

悲伤的母亲笑容可掬，儿子已经传来信息。但是真正的好戏还在后头。

我们开始在昏暗的房间中做“看脸”练习。我指导参与者与从未谋面的人配对练习。那名悲伤母亲的搭档，是一位中年妇女，她不相信自己有灵异能力，可是竟看到年轻男子的灵魂站在搭档背后。她向母亲描述这名男子，也告诉母亲他生前生活的种种细节、个性、关系。母亲震惊、兴奋，听得如痴如醉。

“她说的每一件事都完全正确！她描述得分毫不差！”母亲这样说。她的脸容光焕发。我明显看出她的呼吸节奏变了，肩膀更轻松了，她背负的悲情重担已经放下。

当我教人用这种或其他方法开发自己的直觉与灵性能力时，许多不可思议的经历就此发生。在大厅另外的小团体，开始接通这一边的小团体，分享彼此的经验，不可思议的“巧合”与同步事件同时发生，而这些小团体被分隔在不同区域的房间里。**先前对灵异现象不熟悉的人，竟然准确描述出陌生人完整的病历。从未见过面的人在那一刻里竟然可以深入地互相认识，比平常意识状态所认识的还多**。

看着这些奇妙的互动，我默默惊叹，我们的内心竟然如此有力量、如此敏锐，明察秋毫，远超过我们的所知所想。

通灵者、灵媒、导师对我们是重要的，但也是短暂的。他们帮助我们看到并了解到在我们平常感知的生命之外，还有许多的未知。就像我在波多黎各再一次体验到我们每一个人都是通灵者、灵媒、导师。只要去学习，就能打开并强化我们早已拥有的直觉能力，然后获得智慧。

心理占卜

在这个实际练习中，我常把团体分成两人一组。参与者交换自己的物品，像是戒指、手表、手镯、钥匙、项链盒等等。这些物品必须是拥有人接触过或使用过的。

首先要做简短的放松练习，让参与者精神集中，内心安静下来。在放松状态时眼睛要闭着，两人的手轻握对方的物品，然后默察任何想法、感受、印象、感觉。

那可能是心理上的（感受、心情、情绪），身体上的（身体感官感觉），灵异上的（景象、信息、心念、儿童期或前世印象），或是灵魂上的（从另一个世界来的信息或影像）。

大约 5 分钟后，我请团体成员与搭档分享每一方面的经验。分享感觉、印象、想法等等，即使怪异愚蠢的经验也不能放过，因为这可能是最准确、最有力的“提示”。这些奇怪的印象经常最直接也最有意义。

无论是因为物品的能量转化成直觉信息，或是放松状态能量的集中，我们发挥了直觉力，所有的结果都是我们内在的敏锐洞识。

这个练习很安全、简单、有益，也带来许多乐趣。

能量扫描

出现在脑海里的任何印象与感官感觉都是有效的。做这个练习的时候，让你的想象力自由奔放。一切都是学习与成长。

还是两人一组。参与者要先练习感觉自己的能量场。眼睛轻闭，进入放松状态，手掌相对约 60 厘米，然后慢慢靠在一起。双掌相合时，你的掌心会感觉稍稍的颤动或有刺刺的、温暖渐增的感觉，而且有微微的阻力。这个练习可重复好几次。

接下来两人搭档，能量“接收者”慢慢扫描对方的身体，被扫描的人则安静地站着。扫描完全靠手，距对方身体几厘米，不必碰到对方的身体。

整个身体应该全部被扫描到，扫描者要感觉任何暖或凉的温度变化，而且也要记住任何的思想、感觉、印象。能量场的任何变化也要一一了解。

几分钟后角色互换，刚才被扫描的人成为扫描者。重复这个程序几次后，这组搭档分享彼此的体验与观察。

通常做完练习后可以准确查出身体异状。我们体内的种种状况可以传给扫描者。我们的直观力在这种练习中再度活跃起来。

观想练习

催眠只是精神的集中，不神秘也不危险。闭上眼睛，想象你在咬一大颗多汁的柠檬。运用你所有的官能感觉，尝味道、闻柠檬、看柠檬，再咬大口一点。

催眠之际，我请被催眠的人想象吃柠檬，他们常表现出“柠檬脸”——皱脸噘嘴。我没有把柠檬塞进他们的嘴巴，但是他们却尝到柠檬，因为他们的记忆库开放了。如果你也尝到柠檬，那就是被催眠了。

伸出你的手，向前伸直，手掌向上，手肘不要弯曲。闭上眼睛之后，想象我把一本很大、很厚的书放到你的左手。现在，很重的第二本书又放在你左手了。然后想象我在你的右手上绑一个很轻、往上浮的氦气球。第三本重书再放到你的左手，然后你的右手又绑了第二个气球。保持你目前的手臂姿势，睁开眼睛。

你的身体跟心灵一样，都被催眠了。

两百多年前的启蒙时代，人类在关系、文化、健康、哲学等等领域过度强调逻辑与科学，我们因此发展出一种观点：科学可以解决所有的问题与疾病。

实际上，这样的思想让我们变得不平衡。我们忽略了直觉的智慧，忽略了内心创造与心灵的力量。我们赞美科技，可是，伦理、道德以及精神成长却没有同步前进。我们终于发现科技的快速进步足以毁掉我们的星球。

科技与科学是中性的，是人怎么用决定了它们的价值。我们知道科学不可能治好所有的疾病。只有智慧、慈悲、负责任的领导人，才能达成这一目标。

所以钟摆必须荡回来。不是摆荡到迷信、恐惧的那一边，而是荡到中点——和谐与平衡上。在这个位置上，科学与直觉完美地融合在一起，心与灵和二为一、和谐运作，带我们进入平静与健康。所以，了解直觉如何运作很重要。

很早以前，我就有机会观察范柏格在纽奥良的工作坊。他为亡者家属提供准确细节。四百多人挤在房间里。范柏格一感到有影像或信息，立刻向众人转达，同时还讲出细节，然后有人站起来，证实细节的准确性。

我安静地站在后面，尝试范柏格的做法。我试着预测他的问题、解说与信息，但准确度很低。他在用某种不可知的方式带领他们吗？他讲得很笼统，所以一大群人之中一定有人搭得上他的解说，或者，他是阅读身体语言的高手？

他从观众之外的某个地方获得知识与信息，帮助并治疗人们的悲伤。那么，我这样想，世界上确实有少数人具备这种天分，能进入此种境界。我显然不是这少数人之一。

两个星期后，我在佛罗里达西棕榈海边，进行七百人的大团体工作坊。在回答听众的问题时，我试图解释通灵人的做法，并举例说明。

“就像这样。”我开始想象一个场景，“通灵人可能说：‘我感觉到有一个年轻男人名叫罗勃。他 19 或 20 岁，车祸意外死亡。他要你们知道，他很平安，很好。他很爱你们，不必为他过于悲伤。他一直在你们身旁。而且他要请你们把挂在衣橱里那件黑色皮夹克，交给盖瑞。’”我编造这整个场景。然后我转变话题。

工作坊结束，我正在为书本签名，两名女士过来找我，其中一名噙着泪水。

“你从哪里知道罗勃这件事，还有车祸？”流泪的女士轻声问。

我告诉她，整个故事是我随口编的。

“不对，不是编的！”她很肯定地说，“我弟弟罗勃，20 岁那年因为车祸去世，我们很想念他。我刚刚把他的黑色皮夹克——一直挂在他衣橱里那一件，交给我们最小的弟弟盖瑞。我觉得他要我完成他这个心愿。”

内在于人类肉身的灵性体这一部分永远不会死亡。我们从未真正失去所爱的人，因此我们都有能力做我刚才说的事，因为我们都是相互关联的。

在冥想状态或是在梦里，我不断体验到鲜明的隐喻影像，并唤起直觉领悟。而且每当出现疑惑、窘境，潜意识扰攘不安时，我常常接收到解答，就像找到蚌里的珍珠。

在某个有力而简单的影像中，我看到人们把自己当成分离体，然而真实的情况是，每个人都是永恒关联的。我看到大海里布满冰块。冰块间互有距离，而且形状固定，大小不一，同样飘浮在冰冷的水里。没多久，水开始温暖起来，冰块融化。每样东西都是水。在海水中每个冰块都互有关联。热度渐增，水开始沸腾，化成蒸气。没多久，一切都是水气，安静、无形。然而水气曾经是水，是冰块。冰、水、气三者的差异只是分子振动能量的不同。

人类认为自己在肉体上是与别人分开的，就像冰块。然而实情却是，我们都是互相关联的。

回溯治疗故事 11

魏斯医生：我的两次前世体验

除了催眠之外，还有其他体验前世的方法。我最初的两次前世之旅就发生在身体治疗与梦中。

第一次体验前世时，我正在做指压治疗。在生动的视觉场景中，我看到自己是古代的神职人员，比我现在高瘦。我站在奇怪的几何形建筑里，上平侧斜。我不断听到“Ziggurat”这个字，但当时我不明白它的意思。

神职人员权势很大，但是我没有善用名位教导灵性真理，而是贪财求权。我渴望见识他的未来，果真看到了，他的价值观一直没有转向灵性，虽然他有资格教导灵性真理，只要好好运用他的权力。

我慢慢恢复清醒的意识。当晚回家后，我查了一下“Ziggurat”这个字的意义。百科全书上说，那是耶稣诞生的千年前，古代巴比伦的“塔庙”，就跟我见到的古怪几何形建筑一样。

几年后，我又有第二次前世体验，这一次是梦中。那时我负责主讲五天的专业训练营。参加的执业医师都住在同一饭店里，密集的训练课让我筋疲力尽。前世之梦就发生在第二晚。

栩栩如生的梦让人记住每一细节，我还是神职人员，这一次是几个世纪以前的欧洲天主教神父。我在地牢里，手臂被锁链扣住，固定锁链的墙在我身后。我被严刑拷打、处死，因为我教导被禁止的异端邪说。

我醒了，但仍在假眠状态，梦持续了一会儿。我可以看到自己处于幽暗的房间里，躺在床上。接着，我感觉到有内在的声音或信息说：

“有机会教导真理时，你放弃了。”

我知道，那是指巴比伦神职人员那一世，那时的我没有教人灵性真理。

“当你没有机会时，你却教导……你强出头……”

我知道，当一名天主教神父教导爱与同情是很安全的。他没有必要挑战当时的残酷权威，为真理赴死。

“这一次，好好做。”柔和的声音结束了。

我再也睡不着，最后下床吃早餐。

参加训练营的一名学员是著名大学的精神医学教授。

“你看起来气色好差。”她站在我旁边，一眼就看出我的状态。

“我知道。”我说，“昨晚没睡好。”

“我知道。”她回答，“我看到你的梦！”

不可能，我不相信。她看透我的怀疑，进一步解释说：“我们的家族有通灵能力，我母亲这一系已经有好几代了。”她又说：“我也有这些能力。”

我好奇起来，问她看到了什么。

“我看到你是好几个世纪以前的苏格兰神父。你被囚禁，右臂被锁链绑在墙上，你受到酷刑，因为教导轮回被处死。”

她说的比我梦到的更多。

不只这些。

“你必须小心一点。那些人现在又回来了！”她补充说。所以，我一直睁大眼睛，保持警觉。

第十四章

没有爱，也就没有上帝

◆ 灵性大师导引 33

他们告诉我，有许许多多神，上帝在我们每一个人里面。

只有唯一的宗教，那就是爱。我们也必须记住，超越的“本质”是唯一的起因，是宇宙的父亲与创造者。“他”盈注在万物里，不是用“他”的意想，而是用“他”的本质。“他”的本质在宇宙中绵延不绝。“他”的力量就在宇宙里。

我们可能说，只有“他”的力量在宇宙中。但是，当“他”超越“他”的力量，“他”包括了他们。他们做什么，“他”就渗透他们。

来信、讨论会、广播电话连线节目中一直有人问，我写的书中上帝在哪里。这个问题总是令我惊讶，因为我的书本里上帝无所不在，不是指出“上帝”的名，而是用许多的方式。每一次你发现“爱”这个字，我就是提到了上帝。上帝一直在我们之中。

听到精神科医师讲上帝与爱可能非常奇怪。可是我必须这么做，因为强调灵性的心理治疗必须承认神性，这是我们的灵魂真性，也是身体在此地存在的目的。只有用这种方式我们才能看到更大的图像。

没有爱，也就没有上帝，一切都是空的。上帝不需要我们的尊崇。我们不断把上帝人格化，尽管我们对上帝的认识微不足道，还无法概念化。

上帝没有宗教。我们内心都知道这件事。上帝没有种族之分。

上帝是一切，是爱的能量，具有无上智慧、力量以及我们所不知的特质。我们都领会到上帝，因为上帝在每个人里面，是我们的存在本质。

水含藏着潜在的冰，气含藏着潜在的水，上帝更是超越气。上帝是看不见的，无法去知道的，然而上帝含藏着潜在的万物。

有一个趣闻讲的是一个虔诚敬神的男人，因为发大水，他的生命岌岌可危。洪水涨势凶猛，他必须爬上屋顶避难，水势一直涨。

警方派救生艇来，对站在屋顶的他大喊："上船！"

"不。"他答道，"我一生虔诚奉献，上帝会保护我。"

"别傻了。"警察喊道，"快上船！洪水不断涨上来，你很危险！"

男人一再拒绝，救生艇开走了。洪水一直涨，救生艇两度来救，然后两度折返。

"上帝会保护我。"他坚持不走，充满自信。救生艇转去救别人。没多久，洪水吞噬了整栋房子，屋顶也幸免不了，这个男人溺毙。

在天堂里，他遇到上帝，上帝没有救他，令他气愤不已。

男人大声抱怨："我一生虔诚敬你，尊奉你的旨意，捐献不落人后。但是，唯一一次我向你求助，你却放弃我！"

"我派了三趟船，"上帝解释说，"为何你不上救生艇？"

千百年来，上帝与宗教一直被误解、扭曲，被人类的计谋操控。**上帝之名最终极的象征应该是和平、爱、同情**，可是却被人拿来进行战争、杀戮、灭种。即使到了今天，21 世纪开始了，"圣战"也像中世纪的瘟疫感染我们的星球。战争怎么可能是神圣的呢？这是矛盾的用词、恐怖的修饰、绝对的罪恶，是一种肤浅的合理化篡改。

上帝是和平，上帝是爱。自从我们依照神的形象被创造出来之后，就忘了这件事。上帝在我们心中，我们是和平的生物，爱与神性的存在体。宗教只有一种，因为上帝是唯一的，是所有人的上帝。我们必须互爱，因为爱是回家的路，否则就像顽劣不驯的学童，注定一再留级，直到学会爱的功课。

只有放下恐惧，把信奉不同教义的人一视同仁，而且视为走向天堂之路的相同灵魂，我们才能不分南北真诚相爱。我们都是一样的，我们同划一艘船。在多次的轮回中，我们相信过所有宗教，扮演过所有人种。灵魂没有宗教、人种之分，灵魂只知道爱与同情。

只要了解我们都是相同的，只有很小的不重要的差异，我们才能拉人一把，帮助每个人走向该走的路，不论他们像不像我们。

当你从各种宗教的表面仪式往下深掘，就会发现许多观念与规劝都有奇妙的相似性，就连用语都很相像。我们一直以宗教之名互相残杀，但是在更深的层次中，虔诚的心所带来的信仰都是一样的。

所有各大宗教都会强调要理解人的超越性，过灵性的生活，奉献与善行，爱与慈悲同情，以及希望与信心。它们也都描述死后的生命与不朽的灵魂，同时也重申仁慈、宽恕、平静的重要性。

当我提及宗教，就是触碰到奇妙的灵性智慧与灵魂传统，而不是人类自己制定的教规、仪轨。这些常常为政治服务，只会割裂人的关系，而不是让人结合在一起的部分。我们必须小心鉴别灵性真理与有政治动机的教规。这些教规是围墙，让我们分离，让我们恐惧。

现在，我们可以接受神无所不在、灵魂不朽、肉体死亡后依然可以存在这些观念，不是用信心接受，而是有许多的事实明证。

所以，为什么要忽视宗教的本质？既然有那么丰富的灵性传统，为什么我们只愿意相信肤浅的教规？各大宗教既然有那么多、那么大的相似性，为什么我们只想到差异？为什么伟大的教师与先知提供了高超而关怀的指引，我们却弃而不顾？

再一次，我必须说，我们遗忘了原本已经知道的事。掉落在生活窠臼中，我们太习惯烦恼与焦虑，太关心自己外在的名位、别人怎么看我等等，因此我们忘了灵性之我。

我们悦生恶死，因为我们忘了自己的真实本性。我们成天担心职位与名声，计较得失，害怕表现得愚笨，我们失去成为灵魂的勇气。

虽然长久以来互相排斥的科学与灵魂正逐渐合一。物理学家与精神科医师，在当代渐渐成为神秘主义者。我们慢慢证实以前的神秘主义者直觉到的事实，我们都是神性的存在。这件事我们知道了好几千年，但是却忘了它。为了回家，我们必须想起回家的路。

如果上帝是唯一的，而且宗教只有一种，那就是爱，为什么我们出生后要执行某一宗教仪式，或是只选择某一种信仰？

终极而言，选择在哪个教堂或寺庙顶礼，甚至所有的宗教来者不拒，其实根本无关紧要。就像自行车的车轮，所有大宗教的教诲都指向同一中心点——虔敬与启悟，没有哪一条路比另一条更好或更差，它们都是一样的。

沉浸在宗教的智慧与真理里，不仅有头脑上的知性意义——你已经累积了大量的知识与经验——同时也有舒适的熟悉性，这样的熟悉性带来了平静的感觉。你的心放松，不必在意识上强索就能进入深沉的冥想状态。熟悉与舒适减少了分心，让你的心思更集中，平顺滑入更深的冥想、祷告、沉思里。在这个深沉状态中，你可以经验到意识的超越层次。

在所有各大宗教传统中，有着伟大的真理、美善、智慧。你应该像孜孜不倦的学生，好好去品尝一切，因为灵性视野的切换将带来重大领悟，加速你的灵性成长。没有必要放弃你的传统。毕竟，有人喜欢玫瑰，有人喜爱兰花，有人迷恋百合，也有人钟情野花或向日葵。不管哪一种，它们都呈现了自己的美，而且，上帝以同样的阳光遍照它们，以同样的雨水滋润它们。它们是相同的，但又是独特的。

去了解所有的灵性教诲。雨水遍润所有的杂草，也泽润花儿；阳光照亮监狱，也照耀教堂。

上帝的光永不歧视，我们也当这样。路不止一条，教会与意识形态也不止一个，只有唯一的光。当围墙倒下，所有的花儿才能一起绽放在无比庄严的花园里，这就是地球的伊甸园。

第十五章

爱是回家的路

◆ 灵性大师导引 34

耐心与时机……该来的自然就会来。生命是仓促不得的，不能像许多人一样，照时间表做事。我们必须接受自然发生的事，不该强求更多。生命是无止境的，我们不死，也没有真正出生。我们只是经过不同的阶段，没有结束。人类有许多向度。时间不是我们所见的时间，而是学习到的功课。

在写这本书的前言时，常有人问我，是否跟“大师们”有更多的接触。现在各位看得出，大师们的信息无所不在。有些来自我的冥想，有些是通过感觉：在领悟的层次上，信息很难转译成语言，有些观念根本难以诠释。

很多的认识是通过例子与经验得来，我已经用四本书描述过了。我所引述的材料里，有完整、连贯的灵性哲学，其中有文字、有故事、有反省。答案就在这里，但是我们没有花时间去阅读、消化与理解。

只有爱才是真的，爱是不可思议的能量。我们都是这种能量创造的。爱是绝对的。爱永无止境，永远不停。最纯粹的形式就是无条件的爱，爱人而不求回报。自在奉献出爱，你就是灵性上的巨富。

记住，要倾听你的直觉，不要让恐惧动摇你美丽的心。自由自在去爱，不必退缩，不必保留，不必谈条件。我们在物质界的生命是有限的，我们还留在学校里。**回家的时候，我们只能携带我们的想法、我们的行为、我们的爱。**

最后，不要恐惧，我们是永恒不朽的灵魂，而且我们永远被爱，实际上我们就是爱。

附录一

世界主要精神传统的灵性智慧

下面引用的章句，出自世界上各大宗教的神圣经典。这些章句证明，真正的宗教只有一个，只要你超越表面的仪式，直抵背后的灵性宝藏。所有伟大的宗教义理在这一章互相贯通，我写这些是受到一本奇妙的书——《同一：所有宗教共有的伟大信念》（Oneness: Great Principles Shared by All Religions，作者是杰菲利·摩斯）的启发。

一、行为责任

佛　教

因果报应

基督教

一个人播下什么种，就会有什么收获。上帝会依照他的行为而判决。

印度教

没有种植，什么也收成不了。只有你种树，树才可能长大。

犹太教

慷慨的人才是富有的人，供水者别人也将供给他水。

二、宽恕

佛　教

怨不能止怨。只有爱才能止怨——这是永恒的道理。

基督教

如果你肯原谅别人的过错，天父也将原谅你；如果你不原谅别人，天父也绝不肯原谅你的过错……“主啊，我弟兄得罪我，我当饶恕他几次呢？到七次可以吗？”耶稣说：“我对你说，不是七次，乃是七十个七次。”

印度教

高贵的心灵是把自己奉献于促进他人的平静与快乐——即使这些人曾伤害他。

伊斯兰教

原谅你的仆人，一天七十次。

犹太教

一个人所能做的最美妙的事情，就是原谅过错。

三、平静与爱

佛　教

现在果生于过去因……这即是“法”……这种精神即是爱，这个目的即是平静。

以武服人，招致更多怨愤。以爱服人，不会事后悔恨……我称他是真正的僧人，他确实说出真理，带来启悟，而且避免了粗暴，所以他不伤害人。

以正行得到平静，就是胜利，而且从所有的束缚中解脱。

不造口业、身业，而且诸善奉行。

基督教

不要与恶人作对。有人打你的右脸，连左脸也转过来由他打。有人想要告你，要拿你的内衣，连外衣也由他拿去。

要爱你们的仇敌，为那逼迫你们的祷告。这样就可作你们天父的儿子，因为他叫日头照好人，也照歹人；降雨给义人，也给不义的人。你们若单爱那爱你们的人，有什么赏赐呢？

“你要尽心、尽意、尽力爱主——你的上帝”这是最大的诫命，也是第一要紧的，其次是“爱人如己”。这两条诫命是律法和先知一切道理的总纲。

这就是我对你们的要求：彼此相爱。

印度教

内心吵嚷不休，停不下来，但是通过练习，不妄生意欲，心念就停了下来。守住某个对象，浮动而外驰的心就能平静，返归本来，与大我同在。圣哲的无上祝福就是心的平静。

以仁慈征服暴怒，以善对付恶行，以宽容战胜卑鄙，以正直打败谎言与欺骗。

伊斯兰教

善征服邪恶，以善报恶……我要告诉你什么行为比忠实、慈爱、祷告更好。让彼此敌视的人重归于好就是这种行为：因为敌意与憎恨，从根部粉碎上天的奖赏。

犹太教

多美妙啊，在山之上是他的足部，他带来良机，颁布和平。

我告诉你们：爱的行动就像圣训一样有价值……不是去学习，而是去做它，这才是最重要的。

爱是教律的开始，也是结束。

你应当爱你的邻人，就像爱你自己。

四、为人准则

佛　教

害人者自尝苦果。

慈爱万物，实践美德，利益众生，他就是快乐的人。

不可论人是非。

基督教

不审判别人，你就不会被审判……要别人怎么待你，就得怎么待别人。这就是律法与先知教训的真义……通向生命的门是那么小，路是那么窄。

印度教

这是所有公义的总和——你希望别人怎么对待你，就要用你希望的方式对待别人。

不希望你的邻人对你做什么，你就不要那样对你的邻人。

视邻人如己，就是恰当的行事规则。

伊斯兰教

希望别人怎么对你，就要怎么对人；怎么拒绝自己就怎么拒绝别人。

犹太教

做什么事会伤害自己，就不要对别人做。这是整个教律的精神，其余的教律只是这个精神的诠释。

将心比心，不要审判你的邻人。

五、精神价值

佛　教

华而不实的言说，如同有色无香的美丽花朵，带动不了正确的行为。

真正的宝物藏在人的慈悲、戒律里……这样的宝藏才安全、不会消失。

基督教

你们要完全，像你们的天父一样完全……不要为自己积攒财宝在地上……只要积攒财宝在天上……你们不能又侍奉上帝，又侍奉玛门（玛门是财利的意思）。**人若赚得全世界，却赔上自己的性命，有什么益处**？

人活着不是单靠食物，乃是靠上帝口中所出的每句话。你们哪一个能用思虑使寿数多加一刻呢（或使身量多加一寸呢）？……你们要先求他的国和他的义，这些东西都要加给你们了。

如果你要得到永生，就应该遵守诫命……不可杀人；不可奸淫；不可偷盗；不可做假证；要孝敬父母；要爱邻舍，像爱自己一样……如果你要达到更完全的地步，卖掉所有的产业，把钱捐给穷人，你的财富就积存在天上……有钱人进上帝的国，比骆驼穿过针眼还困难！……但是，有许多在前的，将要在后，许多在后的，将要在前。

印度教

通过服务，通过努力探究，通过疑问以及谦卑，找出这个智慧……这个世界的东西，与精神上的知识相比，都不够纯净。什么是真理？尽你的责任，不可偏离真理。

行为正直就是智者……人不能只靠物质的面包而活……不要伤害别人，无论是用思想或行为，讲出来的话不要造成别人的痛苦……放下愤怒的人，才能得到神。

伊斯兰教

你知道吗，什么样的人才是信仰的背弃者？就是不顾孤儿的人，不愿济助穷苦的人……因此，那些不专心“礼拜”，而只是旁观别人“礼拜”的人，真是悲哀。他们是在炫耀，嫌恶慈善……你应当慈善，因为阿拉喜欢慈善。

你不当以不诚实的方式拿取别人钱财……不可用虚假混淆真理，也不可故意隐藏真理……阿拉是无所不在，全知全能的。

成为人就是完全地失去。除非信仰并过着正直的生活，而且也去劝诫每个人维护真理，也劝诫每个人坚定不移。

有人问穆罕默德，如何分别某人是否有真正的信仰，他回答说：“**如果你从所做的善行中得到快乐，并哀伤自己所犯的恶行，那么你就是真正的信仰者**。”

找寻知识，从摇篮到坟墓。

犹太教

你不可杀人。不可犯下通奸罪。你不可偷取，也不该做假证……你不该贪心。

谁可以登上天主的高山？谁可以站在他的圣地？这个人必须有双干净的手、纯洁的心；这个人的心不造假，而且不做假宣誓。

对每一个人的邻居讲述真理，在你们的大门执行真理与和平的审判……为穷人祝福：你有困难的时候，天主会及时解救。

人不能只靠面包过活，而是要靠出自天主口中的每一句话。

六、灵魂不朽

佛　教

本心即本性……当人破去我执，即可觅得本性……了悟色身假合，了悟万有皆空，即无老死……心向般若，就不为欲惑所动，转迷开悟，谓之“解脱”。

基督教

论到死人复活，你们没有念过摩西《荆棘篇》上所载的吗？上帝对摩西说："我是亚伯拉罕的上帝，以撒的上帝，雅各的上帝。"**上帝不是死人的上帝，乃是活人的上帝**。

印度教

灵魂的知识被人领悟，就是智慧……任何生出的东西都是肉体与灵魂的结合。迷惑就继续停留在肉体里，见不到灵魂。

深入的内在居住着另一种生命，那不是感官的生命，眼睛看不到，而且永恒常在。当所有具备生命的存在物死去，他依然存在着。

个别的灵魂本质上比不过普遍的灵魂……人只不过是头、手、躯干、腿的组合。

伊斯兰教

富有不是尘世财物的丰富，而是内心的满足。对别人做了善事，这个善行就会送到你的灵魂之前，并与上帝同在，因为上帝看得见你所有的作为。

犹太教

主是我的牧羊人；我什么都不缺乏。他让我歇在绿草如茵的青草地……他修复我的灵魂……纵然我走过死荫的幽谷，但我不怕灾难，因为主与我同在……善与慈悲永远跟着我；我将永远居住在天主的圣堂中。

七、普遍的上帝

佛　教

法落在心外，即非究竟法，而是邪道。

没有爱的人，不知道上帝，因为上帝是爱。

基督教

上帝是爱。遵从爱的人就是遵从上帝，而且上帝就会住进他里面……必须知道，你们不是上帝的殿堂，而是上帝的圣灵住在你们里面。

上帝的国其实在你们里面，只有一位上帝或天父，他是超越一切的，而且他也穿越一切，在你们里面。

印度教

就像一个太阳能够照亮全世界，唯一的普遍之灵也照亮每一个身体。真正领悟大我的人，愚昧就会消失，有如被太阳光照，大智慧开显。

伊斯兰教

上帝以自己的本性塑造人……所有被创造的生物，都是上帝的家人，所以，为他的家庭做最多善行的人，最受上帝宠爱。

犹太教

听着，以色列：主是我们的上帝，主是唯一的。你们应当用所有的心志、所有的灵魂、力量爱你们的主，你们的上帝。

爱你们的主，爱你们的上帝，全心全意服侍他。适当的季节我要给你们的土地雨水……我要在你们的土地上赐给牛群青草，你们就有食物，就会满足。然后，你们要用这些话教你们的儿女，无论在家或外出，休息或工作，都要不断温习这个诫命……告诉他们，你们是怎么繁殖的。

我们不是只有一个天父吗？不是只有唯一的上帝创造我们吗？……上帝以自己的形象造人，并以上帝的形象创造他自己。

附录二

回溯前世的冥想练习

这两种冥想练习可以帮助你移开阻碍内在喜悦与欢乐的绊脚石，让你的生活更平静。

你可以跟伙伴一起合作，一个人念，另一个人闭上眼睛全身放松。或者，你可以录下文章，然后用录音机放给自己听。但是，绝不能在车上放录音带。

开始练习之前，请在床上躺下，或舒服地坐在椅子上，松开紧贴的衣物。确定不会分心或受到干扰，脱掉鞋子，取下眼镜。如果戴隐形眼镜，也要取出来，让你彻底放松。不要跷腿。如果音乐能让你更镇静，无妨播放轻柔的软调音乐当背景。

任何的想象、感觉、想法、感触，都让它自由流动，尽量不要去禁止、审判、分析。事后才能做这些动作，倾听催眠指示之时，让你的体验自然呈现。

不必在意，那是记忆、幻想、想象、隐喻、象征，或是其中的种种组合。一切都无所谓，只要你觉得更好就可以了。

请用平静、柔缓的语调念出文章，遇到省略号时，请轻轻停顿，遇到方括弧时，停顿的时间要久一点。（注意：方括弧内的指示不要念出声来。）把文章念给别人听或录音之前，必须多读几次，抓住你觉得舒服的节奏，而且让你有足够的时间对指示做反应。

进行的时候不要着急。做这个练习是没有时间限制的，也不要把时间拉得很长而做不下去。

请常常练习。越常冥想，你就走得越深，获得更多的体验。

大多数人不难处理、整合自己的冥想经验，甚至感觉更舒服。干扰的反应，像是焦虑与内疚，实际上是很微小的。如果真的发生了，你也许该去找治疗师，或解决已经发生的问题。

练习一：走入前世之门

眼睛轻轻闭上，做几个深呼吸。想象你呼出体内的紧张与压力……想象你吸进美丽的能量，整个能量笼罩着你……

让每一次的呼吸，带你更深沉、更深沉，也带你进入美妙的放松状态。

〔暂停十五秒，让呼吸放松整个身体。〕

现在放松你全部的肌肉。放松脸部与下颚的肌肉。把这些肌肉所有的紧绷放松……

放松颈部与肩膀的肌肉……

放松你的手臂……彻底放松背部的肌肉，放松背部上方，放松背部下方……把这些肌肉所有的紧绷放松。

放松胃部与腹部的肌肉，让你的呼吸继续保持平静，让你的呼吸继续放松……

彻底放松你腿部的肌肉。现在，你的整个身体处于非常深沉的平静状态……

外界的任何噪音或干扰，只会让你更加深沉。

去想象、观想，或是去感觉你头上美丽的光。你可以选择光的颜色。这个光将深化你的层次、治疗你的身体……

让光穿透你的头部，进入你的身体。光照亮你的头脑，照亮你的脊椎。光治疗这些组织，让你更深沉……

让光往下流动，从头到脚。光有美妙的波动，接触你的每一个细胞、每一条神经，光用平静、爱、治疗，接触你身体里的每一个器官……

你的身体里，任何需要治疗的地方，就让光走到这个区域，非常强大，非常有力量……〔暂停十五秒〕

而且，就让其余的光流通全身，走到你的脚部。你的身体充满美丽的光……

现在，想象或感觉整个光笼罩你的身体，就像你的身体被一个美丽的大泡泡包裹着。这个大泡泡保护你，治疗你的皮肤，也让你更加深沉……

现在开始倒数，从十数到一，让每一个倒数带你进入更深沉的放松状态。

十……九……八……每一个倒数让你更深沉、更深沉……

七……六……五……更平静，更放松……

四……三……很宁静，很安详……

二……快到了……

一……很好。

在这个宁静、平和的奇妙状态里，想象自己正走下美丽的楼梯……往下走，往下……越走越深入，深入……往下，往下……每往下走一步，你就越加深入……

当你到达楼梯底部，在你前面是一座美丽的花园……平静、美丽、安全的花园……那是神圣的庇护所……

走入花园，找一个地方休息……

你的身体仍然充满着光，也被光包裹着，光继续治疗你，让你复原。你的心灵最深处已经敞开。你可以想起任何事。你可以从各个层次体验多重向度的自己。你比自己的身体与头脑更加伟大。

如果任何的记忆，任何的感觉与体验让你不舒服，请飘浮上去，保持距离观察一切，就像在看电影一样。如果仍然不舒服，飘回花园，在花园里休息，或者睁开眼睛，回到完全清醒的意识。

如果没有不舒服，继续留在你的想象与感觉里，你一直控制得很好。

在这个深沉的放松状态中，你的回想能力提高了。你想得出任何事情，也想得起曾经有过的任何体验，包括现在这个身体的体验，以及其他曾经有过的身体……

为了显示你的回想能力，现在让我们回溯时光，先是一点点，然后回溯更多。

我要开始倒数，从五数到一，你会想起最近一次愉快的用餐体验，运用你所有的感官，视觉、听觉、触觉、味觉与嗅觉。回想起生动的经验，并注意细节。

五……四……你可以回想起任何事……

三……回想起最近愉快的用餐体验……

二……集中你的焦点……

一……到了，现在花些时间，重新体验这个愉快的用餐……

还有谁跟你在一起？……好好回想这一切〔暂停十五秒〕。

除了愉快的用餐体验外，你还可以想起更多。我再度从五倒数到一，开始回想你的童年。回想一个愉快的童年经历，你可以自己选择……想出愉快的童年经历。

永远记住这件事：如果任何的回忆让你觉得不舒服，请飘浮起来，从上面观察，就像看一场电影。或者，你可以飘浮起来，重回花园休息。如果还是不舒服，你可以睁开眼睛，完全恢复清醒意识。

五……集中精神，回想出愉快的童年经历。

四……你可以想起任何事情。

三……二……精神非常集中。

一……到了，好好回味这个童年经历……〔暂停一分钟〕

除了童年经历外，你还可以回想得更多。再次从五倒数一，你可以回想出生之前的体验……在子宫里……在你的母亲的子宫。

注意任何感官上的感觉或任何印象，包括身体的、情绪的或是心灵上的，你甚至可以感受身体之外的体验。或者，你察觉到母亲的感觉、想法，因为这一阶段你跟她紧密联系在一起。你察觉到任何事情都很正常。

五……集中精神，回到子宫时期，在你母亲的子宫里……

四……你可以想起任何事情。……

三……二……精神非常集中……

一……到了，重新体验这个环境……〔暂停一分钟〕

如果你愿意，你可以观察出生的过程，但是你不会感觉痛苦或任何不舒服……看一看还有谁在旁边，以及你如何被接生……没有痛苦，只是观察……〔暂停十五秒〕

现在飘浮起来，离开目前的时间……

想象一道美丽的门在你前面……这是一道穿越时间与空间的

门，这道门让你进入前世或灵魂状态。门的另一边有许许多多的东西值得你去学习……有些对你目前的生活很有帮助。

我要从五倒数到一，门会打开。它会吸引你，拉你进去。走向门，你会看见门的那一边有道美丽的光。穿过门，进入光。穿过光，加入人群，加入景象，体验光的那一边的一切。倒数到一的时候，你的精神非常集中。

门打开了……把你拉进去……走进去，走过门，进入光。

五……集中精神，回到你的前世……

四……你可以想起任何事情……走进光里……

三……你察觉到某个景象，察觉到有人，体验光的那一边的一切……

二……精神非常集中……

一……到了！

如果你发现自己在某个身体里，往下看你的脚……那是什么样的鞋？如果你有穿鞋，注意鞋子的细节……

你穿什么样的衣服……

你的皮肤，你的手有什么不同吗……

进入这一世里有特别意义的景象或事件……你可以在时光中前进，或是往后回溯……看看你发生了什么事情……你遇到了什么……〔暂停三十秒〕

如果你发现有其他人，注意他们的脸，注意他们的眼睛……你认得他们吗？……

除了看之外，你还可以去感觉，去听，去认识。你的记忆不仅只有视觉而已……

进入这一个前世中的其他重要事件……〔暂停一分钟〕

现在，进入这一世的生命尽头，体验生命结束的那一刻，观察发生了什么事……〔暂停十五秒〕

有谁在旁边？……〔暂停十五秒〕

现在往上飘浮，离开这个景象……

回顾这一生……你学习到什么……这一世的功课是什么……〔暂停十五秒〕

你学习到的功课，跟现在这一世有什么关联……〔暂停十五秒〕

想象出现了一个美丽、充满爱的存在体，像是天使，他陪着你，你们可以沟通，不一定要靠语言文字……你们可以用意念……感觉……图像……或其他种种方式沟通……

你接收到任何信息吗……

有任何知识你必须带回来吗……〔暂停三十秒〕

如果你愿意，问他问题，倾听他的回答……〔暂停三十秒〕

在花园里，你的身体里充满美丽的光。它一直在治疗你，一直让你神清气爽。

现在，该是回复完全清醒的时候了。

我要从一数到十。每多数一个数目，你就越来越清醒。数到十的时候，你可以睁开眼睛，意识完全清醒，你可以完全控制自己的身体与心灵。

一……二……三……越来越清醒……

四……五……六……更加清醒，感觉非常舒服……

七……八……现在即将清醒了。

九……十……睁开眼睛，你已经完全清醒。

慢慢……伸展身体……你完全恢复正常。

练习二：海豚的治疗

眼睛轻轻闭上，做几个深呼吸。想象你呼出体内的紧张与压力……想象你吸进美丽的能量，整个能量笼罩着你……

让每一次的呼吸，带你更深沉、更深沉，也带你进入美妙的放松状态。

〔暂停十五秒，让呼吸放松整个身体。〕

现在放松你全部的肌肉。放松脸部与下颚的肌肉。把这些肌肉所有的紧绷放松……

放松颈部与肩膀的肌肉……

放松你的手臂……彻底放松背部的肌肉，放松背部上方，放松背部下方……把这些肌肉所有的紧绷放松。

放松胃部与腹部的肌肉，让你的呼吸继续保持平静，让你的呼吸继续放松……

彻底放松你腿部的肌肉。现在，你的整个身体处于非常深沉的平静状态……

外界的任何噪音或干扰，只会让你更加深沉。

去想象、观想，或是去感觉你头上美丽的光。你可以选择光的颜色。这个光将深化你的层次、治疗你的身体……

让光穿透你的头部，进入你的身体。光照亮你的头脑，照亮你的脊椎。光治疗这些组织，让你更深沉……

让光往下流动，从头到脚。光有美妙的波动，接触你的每一个细胞、每一条神经，光用平静、爱、治疗，接触你身体里的每一个器官……

你的身体里，有任何需要治疗的地方，就让光走到这个区域，非常强大，非常有力量……〔暂停十五秒〕

而且，就让其余的光流遍全身，走到你的脚部。你的身体充满美丽的光……

现在，想象或感觉整个光笼罩你的身体，就像你的身体被一个美丽的大泡泡包裹着。这个大泡泡保护你，治疗你的皮肤，也让你更加深沉……

现在开始倒数，从十数到一，让每一个倒数带你进入更深沉的放松状态。

十……九……八……每一个倒数让你更深沉、更深沉……

七……六……五…更平静，更放松……

四……三……很宁静，很安详……

二……快到了……

一……很好。

在这个宁静、平和的奇妙状态里，想象自己正走下美丽的楼梯……往下来，往下……越走越深入，深入……往下，往下……每往下走一步，你就更加深入……

当你到达楼梯底部，在你前面是一座美丽的花园……平静、美丽、安全的花园……那是神圣的庇护所……

走入花园，找一个地方休息……

你的身体仍然充满着光，也被光包裹着，光继续治疗你，让你复原。你的心灵最深处已经敞开，你可以想起任何事。你可以从各个层次，体验多重向度的自己。你比自己的身体与头脑更加伟大。

如果任何的记忆，任何的感觉与体验，让你不舒服，请飘浮上去，保持距离观察一切，就像在看电影一样。如果仍然不舒服，飘回花园，在花园内休息，或者睁开眼睛，回到完全清醒的状态。

如果没有不舒服，继续留在你的想象与感觉里。你一直控制得很好。

从身体飘浮出来，飘浮在花园上方……然后旅行到一个美丽的古老小岛，这个小岛被碧海蓝天围绕……这是一个治疗之岛……

你可以在美丽的沙滩散步……去感觉温暖的阳光……去感觉清凉的微风。

沙滩之外不远的海底，埋藏着许多有能量的大水晶……这些是治疗的水晶。

水晶把治疗的能量传递到海水里。

走进海水里，是深是浅随你喜欢……你可以感觉到海水有一股轻微的治疗能量……

水晶透过海水传递过来的治疗能量，被你的皮肤、被你的身体吸收……〔暂停十五秒〕

现在开始想象一些驯服、可爱的海豚出现了，它们在海水中陪伴你……

海豚是治疗大师。它们知道,你身体的哪些部位需要治疗……它们指出该被治疗的地方……

它们帮助海水发挥治疗力量。〔暂停三十秒〕

如果你愿意，你可以跟它们一起游泳，一起嬉玩……

现在，该是离开海水的时候了，该是说再见的时候了……但是你永远可以回味……只要你觉得需要，或是你想要回味……

离开海水的时候，你注意到你的全身马上干了……真是奇妙而特别的海水……

你就坐在海滩，回味身体被治疗过的部位……

运用想象力，把你拉回以前的疾病……

你如何影响这个人的身体……

你一直要向这个人传送什么信息……

你在这个人的生命中扮演什么角色……

就某方面而言，你有用处吗……

你是如何被疗愈的……

现在转换角色，再度变回自己……想象你没有这个疾病的生活……

你从这个疾病学习到什么?

少了这个疾病，你会如何补偿……

观想、感觉这个疾病已经离去，你的身体再一次完整起来……你的身体被治好了……你的身体充满着光……〔暂停三十秒〕

从海滩飘浮起来，你重新回到美丽的花园里。

在花园里，你的身体充满美丽的光。它一直在治疗你，一直让你神清气爽。

现在，该是恢复完全清醒的时候了。

我要从一数到十。每多数一个数目，你就越来越清醒。数到十的时候，你可以睁开眼睛，意识完全清醒，你可以完全控制自己的身体与心灵。

一……二……三……越来越清醒……

四……五……六……更加清醒，感觉非常舒服……

七……八……现在即将清醒了。九……十……睁开眼睛，你已经完全清醒。慢慢……伸展身体……你完全恢复正常。